正向思维

Positive Thinking

如何对抗你的不合理常规

李世强◎编著

中国华侨出版社
北　京

图书在版编目（CIP）数据

正向思维：如何对抗你的不合理常规 / 李世强编著. —北京：中国华侨出版社，2019.7

ISBN 978-7-5113-7866-8

Ⅰ.①正… Ⅱ.①李… Ⅲ.①思维方法—通俗读物 Ⅳ.①B804-49

中国版本图书馆 CIP 数据核字（2019）第 106095 号

正向思维：如何对抗你的不合理常规

编　　著／李世强
策　　划／左　岸
责任编辑／刘雪涛
责任校对／王京燕
装帧设计／胡椒设计
经　　销／新华书店
开　　本／710 毫米×1000 毫米　1/16　印张／14　字数／183 千字
印　　刷／天津旭非印刷有限公司
版　　次／2019 年 8 月第 1 版　2019 年 8 月第 1 次印刷
书　　号／ISBN 978-7-5113-7866-8
定　　价／39.80 元

中国华侨出版社　北京市朝阳区静安里 26 号通成达大厦 3 层　邮编：100028
法律顾问：陈鹰律师事务所
编辑部：（010）64443056　64443979
发行部：（010）64443051　传真：（010）64439708
网　　址：www.oveaschin.com
E-mail：oveaschin@sina.com

前言

每个人身上都会有消极的一面，这种消极就是不合理的习惯和常规。有些人选择向这些不合理妥协，有些人选择与这些不合理对抗。两种方式，两条路，最后则是两种完全不同的人生。

无论是工作还是生活，都有两面：一面正向，积极进取；一面负向，消极对待。积极进取的人，永远会相信自己能拥有美好的人生。抱有正向思维，挫折和磨难就会成为你成长的动力；抱有正向思维，暴躁的脾气就会逐渐平缓；抱有正向思维，你就会更加珍惜时间、珍惜每一天，希望把每一天都变成美好的一天；抱有正向思维的人，绝对不会是一个空谈者，当他想到什么，就会立刻行动，让它成为现实；抱有正向思维的人，永远有梦想，并向着梦想不断前进。

消极对待的人，总会每天抱怨世界如何对他不公。抱有负向思维的人，挫折和磨难来临时，总是选择屈服、后退；抱有负向思维，每天都觉得别人对自己不公，遇到什么事按捺不住住自己的脾气；抱有负向思维的人，总爱夸夸其谈，一旦落实到行动上，总找各种借口进行拖延；抱有负向思维，人生当中从没有梦想，每天就这样活着就好，即便有梦想，那也是虚无缥缈的幻想。

由此可见，正向思维在人生中起着至关重要的作用。拥有正向思维，当生活中的那些不合理的习惯与常规出现时，我们才能够与之对抗，而不会被其"消灭"。

我们每个人都应该学会让自己拥有积极的思想，相信我们的人生会充满辉煌。当你每天这样告诉自己，你的心态就会逐渐变得积极，思维逐渐变为正向。当你告诉自己，你的人生一定会与众不同，那些挫折和磨难就会成为你成长的动力；当你告诉自己，你的人生每天都会充满快乐，生气、焦虑、抱怨等的负面情绪就会逐渐消失，取而代之的是乐观、拼搏、感恩等让人生更美好的情绪。告诉自己人生不会"坍塌"，并非是在你低落或颓废时骗自己，而是通过这种积极的心理暗示，使你从颓废中站起来，从低落的情绪中走出来，把你的思想从负向慢慢引导到正向。

本书从八个方面，详细地阐述了在生活和工作中如何运用正向思维，与不合理的常规进行对抗。每一节都通过深入浅出的理论知识加上切合实际的案例，剖析正向思维的方方面面。相信每一位读者在阅读本书后，都能受到一定的启发，从而让自己拥有一个更加精彩的人生。

目录

001 第一章 肯定自我：用自信击败自卑

你不应该贴上"老好人"的标签 / 002

除了自己，没人能够否定你 / 005

时刻保持独立思考的能力 / 009

幽默让人变得更加自信 / 011

在陌生场所，越自信越不恐惧 / 016

不完美才美，别太苛求自己 / 022

相信自己，梦想终究会实现 / 026

气场源于自信 / 029

033　第二章　改善情绪：头脑一热，事情就凉

克制冲动，别让情绪失控 / 034

化解情绪中的蝴蝶效应 / 039

只要动怒，就避免不了冲突 / 043

冲动是谈判中的大忌 / 047

教育孩子，请不要声嘶力竭 / 052

时常为情绪找一个宣泄口 / 055

059　第三章　永不放弃：不妥协，困难就给你让道

不断在挑战中磨炼，才能变得坚强／060

逆境中，让压力成为你最强的动力／064

现实生活中没有所谓的"想当然"／067

加强抗压性，潇洒应对各种挑战／070

对那些打击你的人，说一声"谢谢"／073

对自己越苛刻，生活对你越宽容／076

成功没有捷径，谁都是在磨难中前行／080

085　第四章　时间管理：对抗生活中的拖延症

患有拖延症的人，永远没有时间观念 / 086

一天只有 24 小时，容不得你浪费 / 088

不要把人生大好时光，虚度在拖延中 / 092

合理利用时间，把重要的事情放前面 / 095

心动不行动，机会只会白白错过 / 100

做好时间规划，不再陷入慌乱 / 105

学会时间管理，进入高效时代 / 107

111 第五章　学会宽容：狭隘的观念会遮住你的双眼

放下仇恨，让心灵重获自由 / 112

不计前嫌，人生将多一分从容 / 115

一个人的强大，体现在宽容与谦让 / 119

人活着，需要有一个豁达的心态 / 122

办公室不是争吵的场所 / 126

领导要有容人之量 / 129

幸福的婚姻，永远少不了宽容 / 132

139　第六章　沟通之道：如何对抗不会说话的毛病

你的语言为何总让人难以接受 / 140

无休止争辩，就是无理取闹 / 144

会说话的人，批评的语言同样动听 / 146

拒绝他人时，请保持微笑 / 151

多说"我们"，沟通不能以自我为中心 / 155

159　第七章　积极进取：对抗工作中的消极思想

把工作当事业，拿出所有热情 / 160

我们需要工作，而非工作需要我们 / 165

像谈恋爱一样，爱上你的工作 / 168

工作有趣了，干劲儿自然就足了 / 173

与其每天抱怨，不如学会热爱 / 176

端正态度，前途一片光明 / 179

把工作当作自己的，做事就会毫无怨言 / 183

187　第八章　强化意志：摆脱生活中的坏习惯

微小的不良习惯，往往是成功的绊脚石 / 188

四种坏习惯，让人生变得低效 / 191

习惯是把双刃剑，关键在于运用的人 / 195

培养良好的习惯，生活将逐渐晴朗 / 198

每天自省，看到自己的不足 / 201

不学习，终将被时代淘汰 / 204

第一章

肯定自我：用自信击败自卑

竞争激烈的现代社会，让我们不堪重负的心灵焦虑不安，时常希望从别人赞许和支持的目光中得到一丝勇气。实际上，旁观者大多戴着"有色眼镜"审视你，真正了解和肯定你的人只有自己。不要总希望从别人的赞许中得到肯定，要有自信，唯有自我肯定，才是真正的自信，才能打败自卑。

正向思维：
如何对抗你的不合理常规

你不应该贴上"老好人"的标签

生活中，不乏这样的人，每个人说起他来都是点头称赞，其对每一个人都很好，从不因为自己所受的辛苦和委屈而有任何的抱怨。

这种人似乎很完美，有一颗善良无私的心。心理学家却认为，对他人过分友善可能是一种病态。

一味地去取悦他人的人，也要为此付出昂贵的代价。这种人似乎总是处于一种不安全的状态，不相信自己，他们不能承受生活带给自己的压力和失败，时间一长，就会愈加地感到自己被孤立。就像巴巴内尔在他的《揭开友善的面具》一书中写道："极端无私是一种用来掩盖一系列心理和情感问题的性格特征。"

一个人能力超群并不代表这个人就一定能得到老板的青睐，老板赏识器重一个人要综合其他因素，比如你的人格魅力。

小王家里很有钱，大学毕业后，进了一家贸易公司工作。她

第一章
肯定自我：用自信击败自卑

自身条件其实很优越，因为从小就对出口贸易感兴趣，所以她寻觅了很久，终于找到了这家公司。

刚进公司时，小王表现得异常热情，对每个同事非常有礼貌。出于对他们的尊重，小王每次有什么问题要请教的时候，总会热忱地称对方为"老师"，她觉得这是对他人最大的尊重，同事们对这个称呼都觉得非常别扭。

有一天，小王为了答谢多日来同事们对她工作上的帮助，决定请大家吃饭。同事们都以为去普通的饭馆，没想到居然是一家五星级大酒店。

吃完饭，时间还早，小王又说请大家去KTV唱歌，同事们听了都连连摆手，以各种借口推辞了。

在以后的日子里，小王经常给同事带各种各样的小礼物，每次送的东西都不便宜。同事们自然也不好意思一直收她的礼物，也不好拒绝，只能买了东西还礼。渐渐地，小王这个举动让周围的人越来越反感，后来同事们都直接拒收，还和她保持一定的距离。

遭到周围人冷落的小王心里十分纳闷儿，她对每个人都这么好，为什么大家会对她这种态度呢？

其实，小王不知道，工作中重要的不是如何去讨好他人，而是怎样去提高自己。只知道盲目地去讨好周围的人，反而会失去

正向思维：
如何对抗你的不合理常规

周围人对你的尊重。

你想得到周围每个人的认可，让每个人都对自己满意，费尽心思博得他人喜爱，甚至不惜牺牲自己的健康与快乐来取悦别人，这种努力是徒劳的。这种老好人，实际上是对人际关系缺乏安全感的表现，是对拒绝、敌意等消极情绪的畏惧，反面折射出了你的自卑与自责。我们不要做老好人，要做自己人生的主人。

有些人缺乏自信，对于他人不合理的要求不敢拒绝。其实，只要找到合理的理由，再拿出自信，就可以做到轻松地拒绝。当我们可以在谈笑风生中拒绝，也赢得了对方的认同和会心一笑，久而久之我们就有了敢于拒绝的自信。下面两个方法，都可以在拒绝时，完全不伤害对方：

1. 提前做好预备

在对方开口之前，你若已经了解了对方想要求助的内容，这时候你不妨先发制人，让对方无法开口。你可以说有要紧的事情要做，或者表现出自己也在烦恼之中。

2. 找出替代方案

在拒绝的同时，我们可以提出替代方案，同样能够让对方轻松接受。例如，朋友三缺一邀你一起打牌，这时你不妨说："真不好意思，我今天有一件要紧的事要去忙，临时调整实在来不及了。明天吧？如果是明天，我倒是没有问题。"这样，就不会伤

第一章
肯定自我：用自信击败自卑

到对方了。

除了自己，没人能够否定你

现实中，我们习惯了在别人的目光下生活，喜欢用一些华丽的包装来掩盖自己，迎合别人。当得到鲜花和掌声时，才有种被肯定的感觉。一旦自身价值受到众人的质疑和鄙视，便会对自己彻底失去信心。

"我觉得你完不成这样的任务。"

"你也没经验，坚持下去也是徒劳。"

"你的性格不适合从事这个行业。"

……

太多的否定从四面八方涌来，犹如电闪雷鸣般，七嘴八舌的议论让我们手足无措。自我肯定的防线一降再降，甚至怀疑自己的能力。只要你接受别人否定的"批判"，就会变得异常怯懦、自卑，看到朋友们风光无限，自叹技不如人，认为自己什么都做不成。

现代都市生活，让我们不堪重负的心灵已经焦虑不安，时常希望从别人赞许的目光中得到一丝勇气。实际上，旁观者大多戴

正向思维：
如何对抗你的不合理常规

着"有色眼镜"审视你，真正了解和肯定你的人只有自己，所以，一定要让自己拥有一种"不服输"的倔强。

很多人都觉得自己是不幸的，为何世界上那么多的幸福都不属于自己，为何自己不能成为上天眷顾的那个人。这样的抱怨不会对你的生活产生任何积极的影响，反而会让你更加自卑、怨念更加强烈，会大大削弱自信心。若是一个人连自信都没有了，又如何能够成功？试想，一个连自己都不相信自己的人，还奢望别人能给你怎样的肯定和鼓励呢？哈佛大学心理学教授泰勒说："当我们不接纳与生俱来的价值时，我们其实是在渐渐地破坏自己的能力、潜力、喜悦和成就。"

大家应该记住：在这个世界上，除了你自己，没有人可以否定你的价值。

她出生在一个贫穷的山村，生下来时只有一只手，还患有小儿麻痹症，右腿肌肉萎缩。她5岁时父亲病故，只留下她和一个智力有问题的母亲。

她19岁那年，母亲意外走失后再无音信。她靠着村民的捐助才念完高中，当收到大学录取通知书后，她选择了放弃。高昂的学费，已经不是村委会能负担得起的。当时很多人都认为，这样的女孩就算大学毕业也找不到合适的工作。

她从小酷爱唱歌，没有杂质的声音像铜铃一般悦耳，放羊

第一章
肯定自我：用自信击败自卑

时总会高歌一曲。全村的人都在背后议论，身体有残缺，又没有经过专业的声乐训练，想在音乐上有所发展真是"天方夜谭"。然而她并没有因为这些闲言碎语就放弃唱歌，也没有感到自卑。

当全村人都为她发愁时，她锁了家门，挂着双拐，用了整整三天走出了山村。没有一个人相信她能出去工作挣钱。她在心里告诉自己：我一定能找到工作养活自己。一路上还不停地念叨着："老天爷给我一条命了，我一不能死，二不能伸手要饭！"

在省城，工作并不好找，她唯一的选择就是在小区门口擦皮鞋，边擦皮鞋边给光顾的客人唱歌，每次擦完皮鞋后大家都夸小姑娘声音好，而且都带着愉悦的心情离开。她相信就算自己这辈子不能登上舞台唱歌，但能用甜美的声音给别人带来好心情，也实现了自己的价值。

久而久之，她的故事被有心人拍了下来，并在报纸上报道了。于是，慕名而来擦皮鞋的人越来越多。直到有一天，一家专业制作手机彩铃的网站，主动找到了她并愿意跟她签长期合同，让她用自己的好嗓音录制手机彩铃和网站的原创广播剧。

从此，女孩凭借自己的好声音找到了一份不错的工作，而且她的作品是网站点击率最高的。

很多时候，我们遇到困难就会责怪命运不公，总以为自己的

正向思维：
如何对抗你的不合理常规

能力有限，便逃避退缩。其实只要再努力一点点，幸福就在触手可及的地方，成功只需要多一点自信。

一位哲人说："你的心志就是你的主人。"不要因为别人不信任的眼神而忧郁迟疑，也不要因为别人质疑你的能力和理想而从此萎靡不振。要知道，一个人没有乐观的心态、没有足够的自信，就等于没有根的树木、漂浮不定的云，一辈子都会漫无目的地游离。

如果这个世界上还有一个人有资格否定你的话，这个人就是你自己。你要是真的向自己投降，也就将幸福拱手让出了。我们应该时刻铭记自信者的格言："我想我能够的，就算现在不能够，以后一定会能够的！"那么，我们应该如何做到逐步相信自己呢？

1. 对自己有深刻的认识

将自己的爱好、特长等全都罗列出来，再细微的也别漏下。通过外面的世界更加全面地认识自己。正视自身的缺点，不自欺欺人，也不矫枉过正，而是以积极的态度面对现实。

2. 相信自己有着独特的价值

相信自己的独一无二，要肯定自己的价值。每个人都是独特的，每个人的存在都是有价值的。"我存在，故我有价值！"自己身上的特点，没有好坏之分，每一种性格都有两面性，每一种特质都是你自己独有的。

3. 积极向上，在奋进中提升自己

很多人比较敏感，容易接受外界的消极暗示，从而陷入手足无措中。若能正确对待别人的议论，把它们变为动力，奋发向上，就会取得一定的成绩，从而增强自信。

时刻保持独立思考的能力

一位服装大师曾经说过这样一段话："同样是一件蓝色礼服，你们不要只是看这衣服的款式和颜色，不管它看上去多么普通，在我看来，只要加上一条腰带，都会使它成为不同凡响的礼服。"

对有独立思考能力的人来说，当所有人都只看到事物的表面时，他会从另一个角度去看待这个事物，他会思考事物的不同面。正因如此，他才能够获得无限的创意，才能够获得心灵的自由，体现出与众不同的气场。

笛卡儿曾说："我思故我在。"一个人是否能够体现出他的"在"，完全在于他的思考能力。当然，每个人都有思考能力，可是，有些人就像墙头草，风往哪边吹就往哪边倒。他们人云亦

正向思维：
如何对抗你的不合理常规

云，没有一个坚定的立场。相反，有些人总能够提出独到的观点和见解，能够坚持自己的想法，能够在平凡的工作中做出不平凡的成绩，主要原因就在于他们具有独立思考的能力。

王晓磊是某公司的一名新职员，刚到新公司，干劲十足。在公司工作了几天之后，发现上司总是要求他按照他们的工作流程和工作模板来完成工作，策划部总是被动执行上级所下达的任务，而并非自己去主动完成一些活动的策划。他在想，是不是能够自主策划一些项目呢？

有一次，王晓磊向主管提出了这个问题，主管认为，公司现在已经走上正轨了，策划部门没有必要花时间去研究新方案。

被泼了冷水，王晓磊仍在思考一些有价值的方案。在完成部门所交付任务后，他仍旧研究一些新的策划方案。随后，王晓磊经过自己的研究及思考，终于完成了一个很满意的策划方案。

做完方案后，王晓磊将策划方案直接交给主管。主管很不理解地把这个方案呈给了总经理。

总经理看后觉得这个方案十分具有创造性，决定开展这个项目，这是主管、王晓磊以及他们部门的员工都没有想到的，而且总经理直接任命王晓磊担任此方案的负责人。几乎一夜之间，部门所有的员工都向王晓磊投来了赞许的目光。

要想具备独立的思考能力，就要有自己独到的见解。有些人总是平平庸庸、浑浑噩噩过一辈子，这是一件多么可悲的事情。要让自己强大起来，就应该有独立思考的能力。案例中的王晓磊，总能给人耳目一新的感觉，这就是独立思考的能力。

陈寅恪说："自由之思想，独立之精神。"一个人的思想不能够出现禁区，不能够被束缚。一个大师之所以会有常人所不具备的内涵、定力及文化底蕴，原因就在于拥有了独立思考的能力。成为人群中的一匹黑马。

独立思考是一种习惯，这种习惯来源于你面对事物时的冷静和积累事实的结果。保持冷静能够让你想得更深、更远。而积累事实则帮助你实现自己的思考。当然，独立思考并不是空想，而是建立在事实的基础上。

幽默让人变得更加自信

一个懂幽默的人，尽管长相普通甚至有点丑，一定是善解人意的、充满智慧的，是一个受欢迎的人。这种人热爱生活，懂得利用自己的方式应对各种困境，懂得用微笑来使自己放松，懂得用智慧让自己变得更具魅力。

我们可以将幽默而风趣的语言视为人的内在气质的外化。在

正向思维：
如何对抗你的不合理常规

与他人进行交流与沟通的过程中，幽默可以起到很好的作用，比如，幽默可以激发对方的愉悦感，使对方感觉轻松、愉快、舒畅。在这种轻松活跃的气氛当中，人们可以更好地进行感情交流，由于各种原因而造成的隔阂也会消失得无影无踪，大家在欢声笑语中拉近了彼此的心理距离。

有一次，小周带儿子到公司玩，那孩子特别调皮，一到办公室就玩上了电脑，没想到几秒钟的工夫就把鼠标摔坏了。小周十分生气，抬手就给孩子一巴掌，声音很响。这时，40岁的张姐"噌"地跳起来，指着小周的鼻子道："你干吗打孩子，你的手怎么这么欠呢？"这一大嗓子，把办公室的人都蒙了，小周更是气得不行。这时，张姐指着孩子，不依不饶地说："你知道这一巴掌起什么作用吗？这孩子原本可以当大学教授，就这一巴掌，把个好端端的大学教授打没了。"听了张姐的话，周围的同事哈哈大笑起来，小周也乐了，说道："大学教授？他有那个脑袋，太阳就得打西边出来了，张姐你可真会说话。"

事后，张姐对同事小李说："我是见不得打孩子，但话一出口，也觉得冒失了，可又不好意思把话收回去，于是就来了个脑筋急转弯。"

案例中，如果张姐当时只说了前面那句话，小周肯定会气得大骂起来，毕竟着急的张姐确实说了一句冒失的话。好在张姐急

第一章
肯定自我：用自信击败自卑

中生智，说出了后面的那句话，不仅化解了难堪，同时使办公室的气氛回到和谐状态。

擅长幽默的人，更容易招人喜欢；懂得幽默的人很容易与别人保持和谐的关系。现实生活中，经常会出现一些让人斗得头破血流却也解决不了的问题。在这个时候，倘若适当地来一点儿幽默，反而能化干戈为玉帛，顺利地将事情解决。

另外，幽默还能很好地显示一个人的自信，增强一个人取得成功的信心。要知道，有的时候，与能力相比，信心更加重要。面对艰难而曲折的生活，有些人很容易失去自信，放弃自己的奋斗目标。倘若能够用幽默的态度来对待挫折与磨难，人往往能重新振作起来。

在使用幽默这一手段的时候，一定要让自己的表情自然轻松。唯有如此，才可以使你身边的每一个人都被幽默的气息所感染。要记住，一个看起来满脸愁容或者表情抑郁的人，是不可能将幽默的真正魅力表现出来的。幽默的人生充满了无穷的乐趣，学会并熟练掌握幽默，可以让我们的生活变得更加丰富、快乐。

需要特别注意的是，幽默不是不懂分寸的耍嘴皮。幽默应当合乎情理，在引人发笑的同时给人以启迪。当然了，要想做到这一点，需要具备一定的素质与修养。

幽默风趣的谈吐可以反映一个人的思想意识、聪明才智以及心灵感悟。其作用主要体现在以下几个方面：

1. 营造轻松的氛围

在公共场所或者自己的家中，出现非常窘迫而尴尬的场面，就可以利用超然洒脱的幽默，让这种窘迫和尴尬在大家的欢声笑语中消失。

2. 让人转败为胜

幽默是一个人的智慧和知识的综合运用。一个人四面楚歌，处于非常危险的境地，抑或遭受他人非难的时候，幽默能够帮其化险为夷，转败为胜。

3. 高尚的情操与达观的人生态度

有人说："幽默属于乐观者，幽默属于生活中的强者。"的确如此。幽默的谈吐是以健康的思想与高尚的情趣作为基础的。一个心胸狭窄、思想颓废的人，不可能成为一个幽默的人，同样，这样的人也不具备幽默感。那些乐观自信、情操高尚的人，才会在遇到不如意的事情时，泰然处之，幽默待之。

4. 良好的文化素养与表达能力

一个人的幽默谈吐与其自身的聪明才智有着非常密切的联系。想要成为一个幽默的人，就应当具有良好的文化素养以及丰富的文化知识。倘若一个人很了解古今中外、天南地北的各种历

第一章
肯定自我：用自信击败自卑

史典故以及风土人情等，再加上较强的表达能力，这个人必然可以说出活泼、幽默的语言。纵观古今中外，那些有名的幽默大师，绝大多数都是语言大师。幽默不等于矫揉造作，需要非常自然地流露。

想要培养幽默感，必须先培养与提高自己的幽默心理能力，但一定要注意下面几点：

1. 要对生活进行仔细观察

想要口吐幽默的话语，就必须先观察生活。在对生活进行观察，寻找喜剧素材的时候，一定要认真仔细，学会变换视角去发掘素材。

2. 要认真学习幽默技巧

幽默并不是一个人天生就有的，是后天通过学习得来的。很多关于幽默的书籍以及先人的经验都可以为我们提供很好的范例，值得我们认真地研究借鉴，为自己所用。

3. 要敢于表达幽默

一个人的幽默能力，在其表达幽默的时候才能够得到检验与提高。想要成为一个幽默的人，就必须积极主动地去实践。你学习了一段时间之后，就可以选择一个适当的场合，针对一个恰当的对象，来表现自己的幽默。

正向思维：
如何对抗你的不合理常规

在陌生场所，越自信越不恐惧

有些人害怕去陌生的场所，因为在陌生的场所面对陌生人时，总会产生一种羞怯、自卑的心理，继而就不敢开口了。

他们在公众场所讲话，会觉得浑身不自在，无法清晰地进行思考，也就不知道该说些什么了。

一般来说，这样的社交恐惧都是源自内心的羞怯，而这种羞怯的原因有三种：

1. 习惯性羞怯

这类人的性格本身内向、沉静，见到陌生人就会恐惧、脸红，对陌生人常常怀有胆怯心理，不敢表达自己的想法。

2. 认识性羞怯

这类人过分强调自我，经常地患得患失，生怕自己的一举一动遭到别人的耻笑，只有在很有把握时才敢说话或行动，一旦准备不足就会感到恐惧、失去分寸。

3. 挫折性羞怯

这类人的性格本身不羞怯，可能曾经在交际中遭受过失败，产生了心理阴影，造成对交际"望而却步"。

第一章
肯定自我：用自信击败自卑

想要做一个成功的人，首先要解决的就是心理问题——你必须扩大自己的心理开放区域，勇敢、开朗、坦诚地表现真实的自我，不要恐惧暴露弱点和缺点。

你若不敢开口，就不能消除社交恐惧，为自己的社交打开大门。要打破社交恐惧，就要学会开口表达自己，打造属于自己的社交天地。

梦瑶是我大学时期的同学，在学校的时候，她性格很内向，总是一个人坐在角落里默默地看书，也不跟其他同学交往，很多同学对梦瑶的印象都不深刻。

几年后，我去参观一个贸易展览会，在一个展览区里看到了梦瑶。偶遇同学是一件很兴奋的事，我便想上前跟她打招呼。

当走到梦瑶的展柜时，听到了她跟一位顾客的谈话，瞬间让我诧异不已——真没想到几年不见，她居然这么能说会道！

当时，那位顾客也是偶然经过她的展柜，随意看看产品。只听梦瑶上前问道："请问，您有什么需要？"

顾客对产品不太感兴趣，随意回答道："没什么买的，随便看看。"

梦瑶微微一笑，说道："是啊！很多人也说过这样的话。"正当顾客得意之时，她又接了一句，"但他们后来都改变了主意。"

正向思维：
如何对抗你的不合理常规

"哦？为什么？"顾客好奇地问。

梦瑶抓住对方的好奇心理，开始向这位顾客介绍自己公司的产品。

我站在一旁，梦瑶并没有看到。我听着她滔滔不绝地跟顾客介绍产品的功能，心想，这还是几年前那个内向而不爱说话的女生吗？

当梦瑶忙完了，抬头看到我时很诧异，随即笑着跟我打招呼。我们约好一会儿忙完后一起去吃饭，叙叙旧。

吃饭时，聊了聊彼此的近况。与梦瑶聊天让我觉得非常愉快，我由衷地赞叹道："上学时都没怎么见你跟其他同学交流，没想到现在你的口才这么好！"

梦瑶微微一笑，说道："那时的我内向、害羞，不敢说话是因为不知道说什么。踏入社会，尤其是当了业务员以后，不说话怎么能销售出产品呢？所以，刚做这一行时，我买了很多口才方面的书学习，每天对着镜子练习。然后，我抛掉所有的羞怯，大胆地跟每一个陌生人介绍自己，介绍我背得滚瓜烂熟的产品资料。慢慢地，我也就变得这样能说会道了！"

通过梦瑶的故事可以看出，即便是内向的人，只要勇于开口，也会成为一个能说会道的人。

阿诚到一家星级餐厅面试。经理瞧他岁数不大，让他到后厨

第一章
肯定自我：用自信击败自卑

试一下。阿诚和面时，主厨走了过来，他看阿诚长得细皮嫩肉的，调侃说："小子，你的手那么细嫩，你觉得自己能当好厨师吗？"

这是一种非常明显的侮辱和挑衅，尤其是当着经理的面。阿诚听了这话，脸有些发烫，但是一瞬间他就控制住了自己的情绪，他停下手里的活儿，转过身去，用平静的语气说："是的，您不看好我，但我还是要试试。"

停顿了一下，他补充道："不过我对自己的手艺很有信心，我曾拿过全国西点师技能比赛的优胜奖。"然后，他注视着主厨的眼睛，又说道，"我知道您的厨艺很高超，希望您以后多多指点。"这番话说完，主厨立刻收起了轻蔑的态度，甚至变得友好起来，说道："那你加油吧。"

一个小时后，阿诚做的蛋糕好了。经理和主厨尝过后，都点头说好吃。阿诚顺利被录用了，主厨也没有再为难他。

有些人看到别人口吐莲花、左右逢源，很羡慕，也渴望能在交际中游刃有余，赢得别人的赏识，可不知该如何去克服羞怯的心理障碍。

罗斯福曾经说过："每一个新手，常常都有一种心慌病。心慌病不是胆小，而是精神过度紧张。"你要明白，害怕当众讲话不是个别现象，那些在舞台上侃侃而谈的大师，他们也曾为说话

正向思维：
如何对抗你的不合理常规

发过愁，甚至就连在台上时他们也没有完全克服恐惧感。

比如，甘地第一次演讲时，甚至不敢注视观众的眼睛；雄辩家查理士第一次上台时，紧张得两条腿不住地颤抖；古罗马演说家希斯洛第一次当众演讲时，也是紧张得脸色苍白、四肢颤抖。

你知道不好意思当众讲话是很多人都存在的一种普遍心理时，会感到放松一些。接下来，要做的就是努力去克服这个心理障碍了。

法国的斐迪南·福煦大将曾经说过："战争中最好的防守就是进攻。"你对羞怯采取攻势，克服它就不是一件困难的事了。至于具体该怎么做，这里有几条建议：

1. 多肯定自己

平日里，要学会善于发现自己的优势，多肯定自己，少为羞怯找借口。不断给自己积极的心理暗示，就会发现自己其实挺优秀的。只要把自己真实的内心表达清楚就好了，不要有太多的顾虑。

为了培养自信，在当众演讲之前，可以在心里默念"我可以""我已经准备好了"之类的话，从内心深处相信自己。

还可以在上台前做一次持续 30 秒的深呼吸，这样可以增强大脑的供氧量，不仅能使头脑更加清醒，还能增加自己的勇气。

2. 别怕被他人议论

被人议论是一件再正常不过的事，不必过分担忧。每个人都有当众讲话时怯场的经历，如果把它当成一种心理负担，过分压抑自己，变得不敢跟他人交谈，不仅无法享受交谈的乐趣，还可能埋没自己的潜能。

3. 忘掉恐惧感

想改变紧张的心理状态，就得勇敢地面对问题。说话的时候，应该把注意力放在要说的话上，而不是他人的看法上，更不要想"我害怕""万一说错了怎么办"。一心一意只专注于自己要说的话，恐惧就会自动消失。

4. 理性面对失败

"人非圣贤，孰能无过？"犯错是正常的事，一次失败并不能说明你不优秀——只要找出问题的根源，避免以后再犯同样的错误就行了，无须耿耿于怀。

最后总结一下，想让自己流利地表达，顺畅地与他人沟通，最重要的是让自己习惯开口讲话！

正向思维：
如何对抗你的不合理常规

不完美才美，别太苛求自己

我们都希望自己是一个完美的人，总是怕别人看到自己的缺点，这样会让自己很没面子。其实，世界上没有谁是完美的，每个人都有缺点。对人或者事物要求过高，刻意去追求完美与圆满，内心不能接收一些缺陷和不足之处，便成了人生烦恼忧愁的根源。事物或人有缺陷并非是坏事情，有缺陷才能够促使其更加努力，才能够逐渐地趋近完美。

的确，生命像一篇高低起伏的乐章，高低起伏才能够显得更为生动和鲜活，生活中"不如意之事十有八九""此事古难全"。世间是没有真正完美的事物的。一味追求完美，也是一种不完美。

一座山上的寺庙中有几十个和尚。有一天，方丈觉得自己时日不多，就想从其弟子中间找一个班接人来接替他，然而，弟子个个都十分优秀，他自己也不知道应该如何选择。

几天后，方丈想出了一个办法，吩咐他们去寺院后面的树林里各自找一片最为完美的树叶回来。弟子们都不知其中的道理，仍旧按照师傅吩咐的去做了。

第一章
肯定自我：用自信击败自卑

他们来到树林，都暗想：这么多的树叶到底哪一片才是最完美的呢？冥思苦想，都不知道如何是好，但师父吩咐的不能不做，于是，便在树林中仔细地寻找起来。结果到天黑都累得气喘吁吁，也没有找到"最完美的树叶"，最终都空手而归。

只有一个小和尚这样想：这里的树叶这么多，每片树叶都有其独特的美，便随便捡了一片，早早回到了寺院里。

天黑了，方丈见众人累得气喘吁吁，而且都空手而归。方丈问他们："你们都没有找到吗？"弟子们都说："我们竭尽全力地寻找，根本没有最完美的。"唯独那个小和尚十分平静地把一片树叶交给方丈。方丈惊讶地说："你确定这片是最完美的吗？"这个小和尚回答道："是的，我不知道您说的最完美的树叶是什么样的，但我认为我拣回的树叶是最完美的。"

最终，方丈宣布那个捡回树叶的弟子成为自己的接班人。

方丈的众多弟子竭尽全力也没能找到"最完美的树叶"，其根源就在于没有弄明白世间根本不存在完美事物的道理。

可能有人会说，为事业付出了自己全部的精力，最终升了职，达到了自己的目的，不是一种完美吗？更多时候，一味追寻所谓的"完美"只是人们心中的一个美丽的错觉。你要知道，世间任何事情的发展都是相对的，即使这一面看似达到完美了，另一面也难免会有缺陷，就像许许多多爱岗敬业的职员，一味地

正向思维：
如何对抗你的不合理常规

在事业上追求完美，付出了自己的全部精力和时间，也得到了一些回报。然而在另一方面，他们却很少陪家人，有的还失去了健康。对于事业来说可能已经做到了极致，但对家庭和健康来说是一种缺陷。

不可否认，追求完美是人的一种天性，这并没有什么不好。人类也正是在追求完美的过程中不断地完善自己，创造出五彩缤纷的世界。若真的只因一点点缺憾或者一点点不足，便耿耿于怀，这是自寻烦恼。

任何事物都有不尽完美的地方，人都是有缺陷的，只有放宽心，才能促使自己更加努力，就像南怀瑾所说："必须要带一点病态，必须要带一些不如意，总要留一些缺陷，才能够促使他更加努力。"这样才更容易达到最后的成功。

大草原上，有一头叫辛巴的狮雄，从小就立下雄心壮志，长大后一定要做一头草原上最为完美的狮子。经过几次教训，辛巴发现，狮子虽被称为"兽中之王"，在长跑中耐力却远远不如羚羊，这便是兽中之王最大的弱点。也正因为有这个弱点，很多时候，到嘴边的羚羊因为追不到而跑掉了。野心勃勃的辛巴想方设法要力求改变自己的这个缺点，通过长期对羚羊的观察，认为羚羊的耐力与吃草有关系。为了增强自己的忍耐力，辛巴就学羚羊吃起草来。最终，辛巴因为长期吃草而变得很瘦弱，体力也大大

第一章
肯定自我：用自信击败自卑

下降。

母狮子得知这一情况后，就教育他说："狮子所以能够成为草原之王，不是因为没有缺点，而是在长期的生存过程中能够时时地更正自己的缺陷，才超越其他动物的。例如，狮子的天赋特长需要更加熟练掌握，如超强的爆发力、卓越的观察力、精准的扑咬，等等。若是一味地去追求完美，会导致自己的天赋和特长不能很好地运用，反而达不到目标。"

听了母亲的话，辛巴认识到自己的错误，开始突出自己的优点，两年后，它终于成为大草原上最优秀的狮子。

哲人说："不求尽如人意，但求无愧我心。"要知道，在这个世界上，真正的完美是不存在的。追求完美只是一种憧憬、一个向往、生活的一个过程和体验而已，只要做到问心无愧就是一种完美了。

"为山九仞，功亏一篑"虽然是一种遗憾，但"金无足赤，人无完人"是一条亘古不变的真理。人生总会有不尽如人意的事情，我们要保持一颗平常心，对于各种得失、缺憾和成败都泰然视之。这样才会发现缺憾就如那断臂的维纳斯一样，是很美的。有了这种认识就不会为了空中楼阁而耗费掉自己的心血了。

只有留一些缺陷，才能使自己做到更完美。任何一个人都不是十全十美的，不可能所有方面都比别人强。有一方面突出的特长便已经非常优秀了，若是事事处处追求完美，最终可能连自己的特长都会退步。

相信自己，梦想终究会实现

　　任何人都不能忘却自己的梦想。没有梦想的人生是灰暗的人生，也不会是成功的人生。那些敢于追梦并身体力行的人才会成为成功的人。

　　有形的世界一定会受到无形世界的制约，一个人内心的梦想在其人生中一定会起到很大的作用。人类不能忘却自己的梦想，不能在没有理想的状态下生活，社会在人类理想的指引下不断发展和进步。

　　音乐家、雕塑家、画家、诗人和哲学家等，他们都是追逐梦想的人，都是世界的创造者，是天堂的建筑师。这个世界之所以绚丽多姿，他们功不可没，没有了他们，世界将变得黯淡无光。那些敢想，并努力去做的人，都成就了一番光辉的事业。哥伦布先是在内心有了想发现另外一个世界的愿望，随后他才能在这种思想的鼓舞下去发现那个世界；哥白尼有了太阳中心说的理论，随后他才能向整个社会阐述自己的学说。

第一章
肯定自我：用自信击败自卑

任何伟大的成就，在最初的时候都源于内心的一个梦或者一种理想。橡树在破土而出前只能沉睡在树籽中，小鸟破壳前唯有在蛋中耐心等待。那些刚开始只存在于心中的至高理想，一旦破壳而出振翅高飞，就会在天空中获得天使的拥抱。你的现实环境或许没有别人那么优越，甚至更加困难。只要你心中有自己的理想，并坚持努力、不放弃，你的环境终将改变。要记住，一个内心没有理想的人，生活就如原地踏步，终不能前进。

有一个贫穷的年轻人，为了生计很长时间在一个条件很差的车间做工。他没有读过多少书，更没有出众的手艺和技巧。但是，他却一直梦想自己有一个不平凡的未来。他渴望学习知识，渴望变得高雅，渴望拥有美丽的人生。这些美好在他内心深处生根发芽，使他萌动，赋予了他行动的动力。于是，他利用所有的空余时间去补充完善自己。

很快，他的脑海里面再没有了那些不思进取的想法，外界的环境也不能够阻止他火一般的热情。那个小小的车间再也不能成为阻止他梦想的"绊脚石"。他的收获越来越多，潜能也逐渐被激发了出来，机会随之也越来越多。

一晃几年的时间过去，这位年轻人已经焕然一新，他成了一位成熟稳重的企业家。每一个人都能够从他的谈吐中感受到他精神和思想的力量。他自豪地谈自己人生的改变，人们乐意倾听他的建议，认可他的思想，并且接受他的指导。

最初的时候，这个年轻人的生活窘迫潦倒，正是因为怀揣理想，锲而不舍地追求，他终于变得洒脱起来。

开始构思人生时，千万不要忘了理想，不要忘了拨动你的心弦，要仔细呵护幼小的思维火苗，小心培育你至纯至善的思想，它们是成功的必要条件。有了愿望，人才会不断奋进；有了追求，人生才会有所成就。在实现梦想的过程中，会遇到种种障碍，那么，我们怎样才能让梦想变成现实呢？

1. 给梦想注入信念

在任何时候我们都不能轻视信念的力量，再失意、再无助，也要给梦想画一片充满生机的"树叶"。即便我们的梦想没有实现，只要有信念，就不会产生放弃的念头，梦想总有一天会实现。

2. 梦想需要理智把控

世人都说不能轻易放弃自己的梦想，没有梦想就如同生活的傀儡，就没有了生存的意义。但在追求梦想时，我们需要用理性去思考自己的梦想有没有实现的可能，在现实生活中能不能站住脚。

常常有人说梦想是人生的风向标，若是丢失了，人生就会失去方向，就会迷路。梦想不能失去理智，只有这样你执着地追求才能符合实际,这样的梦想才有可能通过努力而得以实现。

气场源于自信

我们总是对军人的走姿及站姿印象最为深刻,那就是一种强大的气势,相信这种感觉在你的记忆中是最为深刻的,这也是走姿及站姿给人的一种辐射。

从心理学的角度讲,一个有着充分自信的人在站立时必然是背脊挺直、胸部挺起、双目平视的。这种站立姿势留给人们器宇轩昂、心情愉快的感觉。反之,倘若站立时弯腰驼背,则给人一种意志消沉的不良印象。一个人走路时昂首挺胸、大步向前,自然留给人意气风发的感觉;反之,一个人低着头,带着犹疑脚步走路,则给人意志消沉的感觉。

由此可以看出,一个人的走姿及站姿是非常重要的,不同的姿势能够表现出不同的气场。一个人站在你面前表现出一副无所谓的样子,弓着背、眼睛斜视、走路左右晃动,你是不会主动去接触他的,你可能会怀疑这个人是不是小偷。有这样走姿及站姿的人是没有人喜欢的。有时,甚至是一个习惯上的微小细节,也会影响到我们的气场。

正向思维：
如何对抗你的不合理常规

    一家贸易公司 A 和一家出口公司 B 即将进行商务谈判。B 公司的代表周飞按照惯例去机场迎接前来谈判的 A 公司代表王先生。

    周飞来到机场后，就站在出站口举着牌子等待王先生一行人的到来。

    在人来人往的机场，首先映入周飞眼中的是一位中年人，他在人群中非常显眼，走路昂首挺胸，表现出一种沉稳。中年人脸上带着平静的表情，他一边走一边仿佛在找寻什么人。周飞觉得这肯定是一位大老板。

    突然，这个中年人向周飞露出微笑，并且向他走过来，这让他很不知所措，难道这个人就是 A 公司的代表王先生吗？

    中年人走到周飞面前，微笑着对他说："您好，您是周先生吧，我是 A 公司的代表王先生。"

    周飞恍然大悟，他看着站在自己面前的王先生，双脚略分，身躯笔直，脸上带着自信的微笑。这种气场很快就折服了周飞。

    在接下来的谈判中，周飞不敢轻视 A 公司，在一些问题的处理上很是恰当，彼此之间的谈判非常顺利，很快就签订了合同。

    如案例中的王先生一样，即便是走姿及站姿这样微小的动作都会影响到你的气场。这一点，从我们对不同站姿及走姿的人的体会中就能够感觉到。

由此可见，一个人的走姿和站姿会给他人留下深刻的印象，即便一句话不说，也能透露出一个人的内心。良好的走姿和站姿能够展现出人的精神状态，它所传达出来的是一种对人生的态度。同样，一个人的气场也能够从他的走姿和站姿上体现出来。

当你走进会议室准备开会或者演讲的时候，步伐一定要铿锵有力。

让我们来解读一下一个人的站姿、走姿与气场的关系。

1. 挺胸抬头、双目平视的人

这种人一般非常有主见，有强烈的自信心，给人一种不卑不亢的感觉，通常气场非常强大。与之相反的是低头弯腰、惶恐不安的人。

2. 两只手叉在腰间站立

这个动作给人一种傲慢的感觉，不太容易接近，但同时也表现出一种自信。

3. 靠墙站立

这是一种很不自信的站立方式，给人的感觉很随意，在正式场合不可以这样站立。

除了以上几种站立方式外，还有很多不同的站立方式，这要根据我们平时的场所而定。

正向思维：
如何对抗你的不合理常规

也许我们在站立的时候会找寻最舒服的姿势，比如，身体斜靠在某个物体上面，或者是双腿交叉，等等。你可能没有意识到，这样的站立姿势往往给人一种懒散的感觉。试想，你在公众场所看到礼仪小姐也是如此站立的时候，你还会对她充满好感吗？

站的时候要抬头、收腹、挺胸，但胸不要挺得太突出，眼睛要平视，给人一种不卑不亢的感觉。无论在哪种场所，都要保持这样的姿势。

走路要昂首挺胸，这是我们从小时就受到的教育。很多人习惯了不良的走路姿势，比如弯腰驼背，眼睛盯着地面走。殊不知，这样的走路姿势往往会给人一种没有自信的感觉。

走路的时候要抬头挺胸，不要低着头，眼睛不要斜视。走路时不能太快也不能太慢，要表现出一种稳重，两手自然垂下并轻轻地前后摆动，这样会给人一种自然的感觉。

站姿和走姿是一个人气场最直接的体现，这是留给对方很重要的第一印象。是否能够体现出自己的气场，完全取决于你的站姿及走姿。我们能够控制自己的站姿及走姿，就能够控制自己的气场。

第二章

改善情绪：头脑一热，事情就凉

　　每个人都有脾气，在遇到让自己头脑发热的事情时，总会不计后果，做出冲动的事情。当头脑逐渐冷静下来后，看到无法挽回的结果时，才后悔莫及，但为时已晚。改善情绪，是一个人幸福人生至关重要的事情。唯有懂得克制，学会让自己冷静，我们的人生才会没有悔恨，才会充满快乐。

克制冲动，别让情绪失控

冲动是魔鬼。生活中，时常会遇到一些冲动的人，他们一般很容易被激怒，进而会做出一些超乎想象的事情。一旦造成危害，再后悔也为时已晚。倘若我们面对事情时能够认真地考虑一下，在大脑中把过程走一遭，缓缓再做决定，将会避免很多悲剧。

桑德斯是一名海滩救生员。他自幼在海边长大，水性非常好。作为一名新人，老队长对他非常器重。

有一天，海上突然起了狂风，暴雨瞬间而至，一名正在海里游泳的女游客生命安全受到了威胁。紧急时刻，桑德斯不顾一切地跳进海水里，以极快的速度将被困女子救回。

他本以为会受到表彰，却遭到了队长严厉的批评：当时自然条件非常恶劣，他在跳水之前，并没仔细观察周围环境，甚至自救设备也没有携带。队长说，他这样做会把自己和被救者陷入更

第二章
改善情绪：头脑一热，事情就凉

加危险的境地，有可能把自己的性命都搭上。虽然最后救援成功，只是运气好罢了，不应是一名专业救生员应该有的表现。

听了队长的话，桑德斯觉得非常委屈：明明很出色地完成了任务，却被队长吹毛求疵，无端指责。他不服气地顶撞了几句，便将自己的各种装备和证件等扔在队长面前，说自己不干了。

在以后的很长一段时间里，桑德斯都没找到合适的工作，因为他内心仍然向往着大海，向往着救生员这个能体现他自身价值的工作。他每天颓废度日，生活过得十分潦倒。

一次偶然的机会，他遇到以前的老队长。时过境迁，两人终于能心平气和地聊起了往事。原来，老队长当时之所以严厉地批评他，一方面是不愿意看到他在救援过程中自己出现危险，另一方面是因为对他十分器重，希望他能做得更好，未来能够接队长的班，能救更多的人。

听到这些，桑德斯感到非常懊恼。如果当时不是冲动的话，如果当时能够理解老队长的良苦用心，也许就不会是今天的模样。

冲动不能帮助我们解决任何问题，它只会让人情绪失控，失去对现实生活的理性判断，从而造成家庭不幸、工作不顺和人际关系恶化等不利局面。

要避免冲动首先要做到忍耐和克制。别人冒犯了你，一定不

正向思维：
如何对抗你的不合理常规

能让自己的情绪失控，更不能在情绪失控的状态下做任何不负责任的决定。其次是要善于理智思考。出现不和谐的局面未必都是别人的原因，我们要多想想自己的问题，多想想别人的苦衷，多想想意气用事可能造成的后果，要努力在平静的状态下去解决问题。最后是要包容理解、谦虚礼让。很多纷争源于误会或是不起眼的小摩擦。一次冷静的沟通，一句诚挚的歉意，一个谅解的微笑，就可能使紧张局面得到缓解。

前世界拳王泰森是一个典型的争议性人物。20多岁时，仅用18个月就拿下三大重量级拳王的金腰带。他拥有无数的财富，受到全世界粉丝的追捧，很多国家的领导人还接见了他。

这一切使他急剧膨胀，而冲动的脾气更是让他吃尽了苦头。他曾经因为强奸罪入狱3年，之后又因为暴力、吸毒等问题在法庭和牢狱之间进进出出。后来，他在一场比赛中气急败坏，咬伤了前拳王霍利菲尔德的耳朵。一时间，他成为"臭名昭著"的代名词。

生活的磨砺最终还是让他成熟起来。在经历破产之后，这位曾经骄傲的拳王不得不为生计而做了许多卑微的工作。如今，他已经变得平和了许多。回忆往事时，他说自己的人生曾经有一副好牌，是自己没有好好珍惜。以前，他太容易冲动，脾气差而且好斗，但现在他要努力让自己学会克制和忍耐。输赢对他来说已

第二章
改善情绪：头脑一热，事情就凉

经毫无意义，他如今最害怕失去的是自己的家人——他想做一个好人。

俗话说，浪子回头金不换。我们遇到事情，也要学会冷静，不要冲动。

李佳佳是一家软件公司刚上任的宣传部主任。公司经理引领她来到一间宽敞的办公室，对着一屋子同事宣布李佳佳正式走马上任，并指着一位女士说："这是你的助理刘小姐，有什么不清楚的，请她告诉你。"公司经理一离开办公室，刘小姐便说口："抱歉，我今天有很多事要做，没有太多时间和你聊相关事宜！"说完话，刘小姐一头埋进工作，一整天没跟李佳佳说一句话。而且，除了刘小姐外，办公室里的其他三个同事也对她横眉冷对，商洽工作时爱答不理，那副做派，仿佛李佳佳不是他们的上司，而是给他们打杂儿的。

面对同事的排挤和刁难，李佳佳既没有恼怒，也没有以牙还牙，而是积极冷静地寻求解决之道。她旁敲侧击地摸清了情况。原来，这几位同事都为公司效劳了两年以上，每个人都以为宣传部主任的职位能落到自己头上，没料到这个位子让李佳佳占了。找到源头了，李佳佳也明白了，几位同事的刁难并不是冲着自己，而是对公司的人事决策不满。于是，她友善地对待每一位同事，慢慢地，大家都为李佳佳的冷静善良折服，接受了这个年轻

正向思维：
如何对抗你的不合理常规

的上司。

聪明的人能够控制自己的情绪，愚蠢的人常常会被自己的情绪所控制。所谓成功，就是能突破心理障碍，控制住冲动，理智地做决定。那么，我们如何才能成为一个避免冲动的人呢？

1. 学会躲避，远离冲动现场

人处于愤怒或者是冲动之下，大脑皮层就会出现一个强烈的兴奋点，并不断向四周蔓延。要想避免这个兴奋点蔓延，避免失去理智，就要有意识地学会转移兴奋点，这就是所谓的眼不见心不烦。例如，面对冲动的对象时，你要告诉自己赶快离开，去干点别的事情。

2. 懂得忍耐，才是控制情绪的强者

忍一时风平浪静，为了让自己做一个理智的人，就应该宽容地看待那些不愉快。例如，当和别人发生争执，先多想想为何会和对方争吵，问题是否在自己身上。进而再思考，若是争执持续，自己失去了理智，冲动后酿成的结果，自己能够承受吗？这样便可以迅速地把自己从冲动的边缘拉回来。

3. 寻找更好的避免冲突的方法

首先，要明确冲突的主要原因是什么？双方产生分歧的关键在哪里？什么样的解决方式是双方都能接受的？想明白这些事情，就可以找到最佳的解决方法，进而避免冲动。

第二章
改善情绪：头脑一热，事情就凉

化解情绪中的蝴蝶效应

"一只蝴蝶在巴西扇动翅膀，导致了美国得克萨斯的龙卷风。"这就是混沌学中著名的"蝴蝶效应"。情绪中的"蝴蝶效应"则是不注意微小的不良情绪，很可能酿成大祸。

丈夫责怪妻子，妻子把怒气撒在孩子身上，孩子在如此环境下长大，性格变得怪异，反过来抱怨父母。上司责罚经理，经理责骂员工，敢怒不敢言的员工把气撒到顾客身上，顾客投诉，影响公司声誉。在我们身边，随时随地都上演着一幕幕"蝴蝶效应"。

贝贝是一个聪明可爱的孩子，人见人爱。可贝贝的家庭却并非是一个"可爱"的家庭。贝贝的父母经常吵架，每当贝贝放学回家，看到的情景总是父母不停地争吵，有时双方甚至会大打出手。而且，每次贝贝的妈妈被他爸爸打了后，总是拿贝贝撒气。

有一回，贝贝的妈妈坐在客厅地上哭，贝贝看到后，想上去安慰一下妈妈，走过去说道："妈妈，你怎么了，为什么哭啊？"

贝贝妈妈抬头看了贝贝一眼，立刻对贝贝骂道："我哭什么

正向思维：
如何对抗你的不合理常规

你不知道吗？还不是你那个混账爸爸。你也不是个省心的东西，要不是因为有你这个累赘，我早就和他离婚了……"

贝贝看到妈妈声嘶力竭地骂着、哭着，吓得一动都不敢动，站在原地发愣。

从这以后，贝贝的性格变了，在学校里常常坐在座位上发呆，不和同学们玩。放学后，贝贝也不愿意回家，他不想看到爸爸和妈妈，不想听他们吵架，更不想成为他们的出气筒。

贝贝逐渐长大了。但因为贝贝每天不愿意回家，在街上溜达，结识了很多社会上的小混混儿。有一次，他因为在路上和另一个陌生人擦肩而过，不小心发生了碰撞，虽然对方表示了道歉，但贝贝依旧不依不饶，继而造成双方大打出手。贝贝因为下手过重，把对方打成重伤，不仅要赔大笔医药费，更因为故意伤人，贝贝不得不进了看守所。

这就是"蝴蝶效应"造成的后果。贝贝的父母因为脾气暴躁，情绪不好，就把怒气牵到孩子身上，聪明可爱的贝贝成了性格暴躁的孩子，对他人造成伤害的同时，也毁了自己的人生。

这样的事屡见不鲜。因一句话而动手伤人最后受到法律制裁，因一时好奇而染上毒瘾最终家破人亡。因为掉了一颗钉子就掉了一个马掌，丢了一只马掌就毁了一匹战马；毁了一匹战马，就输了一场战争。输了一场战争，就丢了一座城池；丢了一座城

第二章
改善情绪：头脑一热，事情就凉

池，就输了一个国家。情绪的相互传递与相互影响，同样可以掀起一场风暴。所以，我们要学会控制自己的情绪，及时排解不良情绪，远离情绪风暴。

有人说过："情绪这种东西，非得严加控制，否则一味地纵容，便会让你越来越消沉。"我们在任何时候都要控制自己的情绪，千万不要让坏情绪破坏了自己的生活。

徐敏在一家首饰店做导购，每天都乘地铁上下班。

周一早晨地铁很挤，刚刚出了地铁，徐敏着急地想看一下时间，但是翻遍包里也找不到手机。这时，徐敏突然想起在地铁口有个人挤了她一下，手机肯定是被那个人偷了。这可是徐敏刚买没两个星期的新手机，气得她直跺脚，发誓挖地三尺也要找到那个小偷。

可是，路上满满的全是人，该去哪里找呢，又怎么找得到呢？

由于徐敏一路气愤不已，完全忘了要赶点上班。这下好了，上班也迟到了，还被店长看到了，徐敏又被批评了一顿，原本郁闷的心情更为严重。没一会儿，店里来了一位顾客，他想看看玻璃柜里的一条金项链。

徐敏装作没听见，对此置之不理。那位顾客以为徐敏没听到自己说的话，于是又朝着徐敏大声招呼了一声。徐敏不耐烦地看

正向思维：
如何对抗你的不合理常规

了顾客一眼，没好气地大声嚷道："你喊什么啊，不就是看项链吗？我给你拿就是了！"

徐敏这一吼，周围的几个同事都愣了，大家都议论纷纷，不知道徐敏今天是怎么了。顾客听后非常生气，直接反映到商店老板那里。结果，徐敏被老板大骂了一顿，不仅要求她向顾客道歉，还要扣除徐敏的工资。

坏情绪往往会给我们带来不利的影响，坏情绪一旦散播开来，也会影响到身边的其他人。心理学认为，一个人如果过于敏感，就很容易因为一些微不足道的事而产生较大、较明显的情绪波动。情绪化的人不能控制自己的情绪，遇事不是大喜就是大悲。这对一个人的身心没什么好处。

为何有些人明明能力不错却一生平庸，没有成就可言？为何有些人苦苦奋斗却依旧原地踏步，不见成效？主要就是因为缺乏好的心态、好的情绪。由于总是心态失调，情绪不稳定，总受到坏情绪的误导，以致无法发挥出自己的正常水平，最终导致失败。那么，我们该如何摆脱坏情绪呢？

1. 时刻提醒自己别被琐事烦扰

在生活中，一定要学会理性，学会控制自己的情绪。要时常告诉自己"别生气，这点小事不值得我烦恼"，时刻提醒自己不被琐事烦恼，避免去想不开心的事。

第二章
改善情绪：头脑一热，事情就凉

2. 懂得包容

俗话说得好，海纳百川，有容乃大。包容是人生最大的智慧，每一位成功者，都具有包容的品质。若能学会包容一切，哪里还有什么事能影响自己的情绪。

3. 找到合适的对象，让情绪发泄出去

每个人都会经历不愉快，委屈、烦闷的时候，要学会找到合适的对象，让情绪有所发泄。这里并非鼓励大家把坏情绪转移给他人，而是寻找调节你坏情绪的方法。只有把坏情绪发泄出去，才有利于自己身心健康。

芝麻小事，请不要烦忧；他日之事，请不要提前自寻苦恼，人活一世，应该有所追求，也应该有所舍弃。尝试把每一件事情都看开些，看得轻一些，试着每天都让自己多一些快乐，情绪就掌控在我们自己手中了。

只要动怒，就避免不了冲突

搞笑武侠剧《武林外传》中郭芙蓉有一句经典的台词，即"世界如此美妙，我却如此暴躁，这样不好，不好"。郭芙蓉最终战胜了自己，克制了火暴脾气，赢得了自己的人生，欣赏到了

正向思维：
如何对抗你的不合理常规

世界的美景。

不动怒，便可收获美好的人生。然而，大千世界中，谁都不可能避免动怒，遇到挫败，受到屈辱，与他人发生矛盾，都会产生怒气。一味地让怒气爆发，发泄自己的冲动，结局会是怎样的呢？发怒只会让事情更糟，并不能挽回什么。

发怒是一种极其不理智的行为，却是生活中极其普遍的现象。很多时候，我们容易因为一些不足挂齿的小事，就生非常大的气，尤其是与自己亲密的人。生气事小，却是一件浪费时间的事。大多时候，当你生完气冷静下来，就会感到后悔。

少生一点儿气，不但能够节约时间，更有利于彼此间的交往。如果避免不了生气，那就要学会消气。控制自己的情绪，不能让自己像一个充满气的气球一样，随时可能"粉身碎骨"。

脾气不好的人不易做好一件事，李绍刚便是如此。或许是因为家人太过纵容，李绍刚从小便养成了火暴脾气。但凡遇到不顺心或不满意的事，便怒火中烧，对周围人乱发脾气。当李绍刚多次因坏脾气而闯祸后，父母意识到事情的严重性，便试图改变他的易怒性格，却收效甚微。

随着年龄增长，李绍刚的脾气并未改变，反而愈加暴烈。一旦他人惹恼了李绍刚，无论对方是有意还是无意，他都会做出激烈的反应，要么大骂对方，要么直接动手。他本人也因此付出了

第二章
改善情绪：头脑一热，事情就凉

惨重的代价，然而他并未反省。知晓李绍刚暴躁性格的人，都会对他避而远之，唯恐一不小心而惹怒了他。

因工作需要，李绍刚需要考取驾照。练车过程中难免犯错，面对教练的多次批评，李绍刚一开始还忍着，次数多了，便直接跟教练杠上了。李绍刚一犯错，教练语气不无责备，李绍刚更是大声反驳，甚至回骂。事后，为了拿到驾照，李绍刚不得不向教练道歉。但是，教练不肯再教他了。驾校负责人对两人进行了调解，却没能解决问题。负责人不得已为李绍刚换了一个教练。由于李绍刚一点就着的臭脾气，练车的过程并不顺利。一次，李绍刚与新教练发生了口角，一气之下，动手打了新教练。新教练受伤住进了医院，最终，驾校取消了他报考的资格。

李绍刚考取驾照的目标落空，并与教练发生严重冲突，其中不无外因，但根源则是李绍刚的火暴脾气。李绍刚要是能收敛自己的坏脾气，事情便不会这般糟糕，以失败收场。克雷洛夫说过这样的话："坏事情一学会，早年沾染的恶习，从此以后就会在所有的行为和举动中显现出来，不论是说话或行动上的毛病，三岁至老，六十不改。"李绍刚没能改变自己的脾气，自吞苦果。

在生活中，即使遭遇不公或羞辱，你可以生气，但要控制自己的情绪，让自己冷静下来。愤怒会使一个人的自制力降为零，极易做出冲动的事情。自己冷静后再处理，这样就能减少犯错的

**正向思维：
如何对抗你的不合理常规**

可能。

在成长的过程中要学会修养身心，学会包容。包容他人的过错，不要让一时之气伤了彼此。我们要做一个心胸开阔的人，减少愤怒的负面作用。生气时，应通过以下几种方式来解决。

1. 寻找方法，积极面对问题

就像一句话说的：别人生气我不气，气出病来无人替。这也就告诉我们，面对人世间的不公平，面对自身的不足，面对错误的事情，要保持积极乐观的心态，才能真正做到心如止水，寻找正确的解决办法。遇到问题，解决是关键，一味生闷气没有用。

2. 与其生气，不如长志气

生气解决不了问题，长志气却能增加自身修为。一个人遇事总生气，他的心情只会越来越糟，遇事学会长志气，增长能力，解决问题，就会逐渐走向成功。所以，生别人的气，不如长自己的志气。

3. 懂得宽容，你才不会经常生气

我们的生活需要宽容，我们要学会"宽以待人"。生活中，我们应该与人为善，严于责己，宽以待人，这样才能构建与他人的和谐关系。不要总是抱怨他人、指责他人，要知道当你伸出两只手指去谴责别人时，余下的三只手指恰恰是对着自己的。

第二章
改善情绪：头脑一热，事情就凉

冲动是谈判中的大忌

谈判中，一方经常会使用激将法让对方就范。比如故意质疑对方的实力，或者故意透露竞争对手的价格来促使对方降价。如果不能对这些淡然处之的话，恐怕就会谈判失败。

传说，在非洲的大草原上有一种吸血蝙蝠，它们体积虽小，却是非洲野马的天敌。人们可能会奇怪，小小的蝙蝠如何能成为野马的天敌，杀死野马呢？其实不然，杀死野马的并非是这些吸血蝙蝠。每次吸血蝙蝠吸附到野马的腿上时，会用它们的牙齿咬破野马的腿，吸食野马的血。但吸血蝙蝠体积小，咬破的伤口很小，吸食的血量也很少，并不能导致野马死亡。野马真正死亡的原因，其实是源自它们的愤怒。

因为被吸血蝙蝠叮咬时，野马会变得愤怒、暴躁，最后在草原上狂奔。无论野马怎么奔跑、怎么蹦跳，都无法甩掉它们。它们依旧从容地吸附在野马的腿上，悠闲地吸着血，直到"饱餐"后再飞走。野马因愤怒后狂奔，增加了血液的流出，最后吸血蝙蝠飞走了，野马流出的血却没有停止，最后在愤怒中无可奈何地死去。

正向思维：
如何对抗你的不合理常规

野马为了甩掉附着在自己身上的吸血蝙蝠而暴怒、狂奔，最后送掉了自己的性命。真正害死野马的，并不是小小的吸血蝙蝠，而是野马暴怒的习性。如果在谈判中也像野马一样，很可能在自己冲动的驱使下进入对方设下的套。

情绪失控是谈判中的大忌，它会让你说错话，轻则得罪人，重则完全破坏谈判。谈判桌上一定要控制好自己的情绪。特别是在双方因为小问题而争吵，或对方态度不够和气时，要控制好自己的情绪，以免因为激动而把话说得难听，或说得太绝。

很多谈判者不注意这一点，他们常常会为了一个小问题而在谈判桌上大发脾气，或与对方陷入激烈的争论中。相信下面这个事例能给你一定的警示作用。

一家制鞋厂最近要生产一批新鞋，所有原料都准备妥当，就差胶水了。老板对胶水的要求很严格，既要黏性好，又要刺激性味道最小的。选来选去，终于找到他满意的胶水了。

这家鞋厂的老板直接找到生产胶水的厂家商谈胶水的采购，胶水厂家的老板知道来意后，对鞋厂老板骄傲地说道："你真有眼光，我们的胶水在国内可是数一数二的。但也因为质量好，所以价格也不便宜。"

虽然胶水厂家的老板态度有些傲慢，但鞋厂老板没有生气，附和道："是啊。我们对比过，质量很好，贵一点也应该。毕竟

第二章
改善情绪：头脑一热，事情就凉

一分价钱一分货嘛。"

胶水厂的老板听到对方这么说，直接问道："那您准备要多少货？"

鞋厂老板沉吟了一会儿，说道："我们很重视这次生产的新鞋，这次的鞋是我们今年重点推出的，产量也比较多。所以，对于胶水的需求量也很大。我们采购得多，不知价格上能否给我们优惠？"

胶水厂老板摇摇头，没有一点商量的余地，说道："不管买多少，我们都是这样的价格，一分都不少。"

鞋厂老板这时被胶水厂老板的态度激怒了，但还是强压住心中的怒火，说道："一般采购得多，都会适当地给予优惠，您再考虑考虑，适当降降价。"

胶水厂老板没好气地说："你以为我们的胶水是一般的廉价胶水啊，说降价就降价？"

鞋厂厂长听后生气极了，他心想，不就是生产了一款好一点的胶水吗？就这么大架子，说话时处处不饶人，他很激动地拍了一下桌子说："我是诚心来跟你谈生意的，你摆什么臭架子？"

此话一出，胶水厂老板顿时怔住了，转而说："我哪里摆架子了，你这么大的不满情绪我们怎么谈？"

鞋厂厂长气还未消，见对方把问题都推到自己身上，更加气

正向思维：
如何对抗你的不合理常规

愤了，于是毅然决然地说："不要以为只有你们会生产胶水，市场上生产好胶水的厂家一抓一大把！"

胶水厂老板也不饶人，暴跳如雷地说："那就不要买我们的胶水好了！"

"就你这样的态度，不买就不买！"鞋厂厂长回答说。

结果，本来很有希望一场谈判不了了之了。

这就是情绪失控的后果！它会让人失去礼貌与风度。谈判桌上，很多谈判者也常常会这样，或图一时口快，或为一解心中之气，结果激化矛盾，最后直接导致谈判失败。殊不知，因为别人的言辞而改变自己的说话方式和失去理智是非常愚蠢的。退一步海阔天空，宽容点，情绪就不会失控，谈判就不会失败。

怎样才能绕开失控的情绪，避免自己陷入争吵或辩论中呢？以下为大家提几点建议。

1. 谈判前做好充分准备，做到心里有数

虽然说计划赶不上变化，如果没有计划，就只能任由变化牵着鼻子走。谈判中，你为什么会情绪失控，说到底，还是因为你没有准备好。你没有充分的心理准备。一旦有什么惹怒了你，就会失控。假如事先有个准备，能撑大心的容量，那么谈判场上对方怎么为难你，乃至羞辱你，你都能做到大方地、有礼貌地还击他。

第二章
改善情绪：头脑一热，事情就凉

清楚"自己要说什么"至关重要。"自己要说什么"所关注的不仅是谈判的内容，还包括怎么和对方说，怎么说才言简意赅，怎么说才能用最简短、最直白的话表达出最明确的意思，对方向你提问时你该怎么回答……

2. 适当自嘲，转移话题，及时缓解不良情绪

当你发现情绪失控时，要及时化解它。转移话题是比较好的方法。

HP公司的前女掌门人奥菲利亚有一次参加一个很重要的谈判，但在谈判过程中，衣服上的扣子突然掉了一颗，顿时衣服开了一个很大的缝隙。对方见状，虽然想忍，但是还是没忍住笑出了声。奥菲利亚很尴尬，也很生气对方的失礼，但她却没有暴怒，也没有发火，而是幽默地说道："时代在快速发展，要求我们跑步紧跟时代。而当我想解开衣服跑步前进时，却发现自己并未穿运动短裤。现在，让我们尽快敲定我们的谈判，好让我回去换个短裤奔跑着跟上时代。"奥菲利亚幽默的回答顿时化解了尴尬的气氛，还为谈判会场带来了一丝轻松的氛围，最后，这次谈判也取得了圆满的结果。

3. 平静下来，听听对方怎么说

当谈判变成争论时，对方的情绪可能也变得比较激动了，这时候，不妨冷静下来，学会聆听，听听对方怎么说，理解对方发

火的理由，你可以问问对方："您先说说您的看法？"这样一来，对方能充分地感觉到你的尊重，自然而然，争论也会平息。

教育孩子，请不要声嘶力竭

有些孩子对父母说的话就像没听见一样，任凭家长在一旁喊得声嘶力竭，孩子都无动于衷。父母有没有找原因呢？一起看下面的例子。

"丁丁，去把手洗干净，要吃饭了。"7岁的丁丁自顾自地看着动画片，对于妈妈第三次的召唤他仍然无动于衷。妈妈火了，扯着嗓子大声训斥："你没长耳朵吗？没听见我在叫你吗？"并走上前去关掉了电视。丁丁很无辜地垂下眼皮，很不舍地走出房间，随后低声嘟囔："你玩电脑的时候，我叫你，你不也听不见嘛！"

生活中经常会出现这样的场景，家长们为此感到十分疑惑，心想："孩子为什么对我的话无动于衷呢？"有的父母认为孩子这样的行为是不尊重家长，如果继续这么纵容下去，孩子早晚会变得目空一切。

遇到这种情况，父母不妨往往好的方面去想，孩子注意力集

第二章
改善情绪：头脑一热，事情就凉

中不正表现于此吗？不要急于给孩子扣帽子，责骂孩子"不长耳朵"，要鼓励孩子，用爱心去感化孩子，传达对孩子的信任。父母还应该及时地反省自己，看看自己有没有过错。

很多家长都有这样的行为，对着孩子大喊："我再警告你一次，下不为例，这也是你最后一次，你听见没有？！"父母的怒火并不能让孩子改掉上述习惯。这样做，会让你精疲力竭，却很难奏效。试想一下，叫喊怎么可能让孩子做出改变呢？

更关键的是，这样的说教方式只会把孩子带到对立面，亲子关系也渐渐疏远。每一次对立，都会让彼此的关系更为恶化。

同时，你管教孩子的成果也会因怒火毁于一旦。粗暴的说教方式对孩子的成长是极为不利的。一旦家长这样粗暴的教育方式成为习惯，孩子对家长说的话也就会是"左耳进、右耳出"了。

英国教育协会的斯塔朋·斯科特教授表示，大声吼叫孩子是一个糟糕的现象，大声吼叫并不能唤起孩子对这个世界的激情，相反，孩子很抵触家长对于自己的怒吼，这对他们心灵的伤害是巨大的。美国心理学家苏·格哈特也认为，有时候，孩子的压力是因为家长对自己的怒吼而产生，怒吼对孩子大脑发育是极为不利的。

对孩子大声喊叫下命令是不明智的做法。应该用温和的态度

正向思维：
如何对抗你的不合理常规

对孩子进行说教，这样孩子会觉得你的说教是正确的，他们愿意按照你说的去做。

还拿妈妈催促正玩得高兴的孩子吃饭做例子。显然，孩子正在兴头上，妈妈大叫："准备吃饭了，赶紧洗手！"一般不大可能有效果。此时对孩子发火，孩子反倒难以理解父母的反应。想让孩子听话，请家长们放下手中的事情，把孩子带到一个安静的场所并对他们用舒缓的方式说教。每个孩子都有很强的好奇心，你对他说话的方式越是柔和，他越能对你说的话产生信服感。

妈妈若实在是生气了，可孩子还是没有任何反应，妈妈就需要来到孩子面前，轻抚孩子的肩膀，叫他的名字，帮助他停下手里的事情。孩子注意力发生转移时，你再开始说教。说话时，妈妈最好用双眼注视着孩子。这样有助于将双方带入平静的状态，久而久之，孩子也会养成看着别人说话的习惯，这是一种尊重别人的表现。

父母学会控制自己很重要，在你将要发怒的时候要想办法使自己平静下来。比如，数几个数，或是进行深呼吸。你要是不能做到这些，情绪失控的你选择对孩子发了脾气，记住一定要向孩子道歉，告诉孩子家长也是人，也会犯错误，他们一定会改正的。

第二章
改善情绪：头脑一热，事情就凉

时常为情绪找一个宣泄口

一个人总会遇到让自己生气的事，这股气要出不出去，长期处于压抑状态，会导致免疫力下降，内脏功能失调，诱发多种疾病。同时，对心理健康也会造成极大危害，严重时还会出现精神分裂。在20世纪70年代，美国科研机构针对此类问题就发明了一种非药物治疗的心理疗法——宣泄法，鼓励人们通过适当的方式把心中的焦虑、忧郁和痛苦宣泄出来，从而恢复身心平衡。

宣泄，就是排解释放负面情绪的过程。因一些不堪回首的经历或是沉重的生活压力，而长期堆积在内心的郁闷和痛苦，必须通过一定方式进行排解和疏导，否则就会给人的健康和正常生活带来危害。在现实生活中，宣泄的方法有很多，只要掌握正确的方法，就能把内心的积郁一扫而光。

1. 不要忽视眼泪的力量

有人说，牙碎了也要咽肚子里。殊不知，这不仅不利于情绪的改善，反而会让负能量在内心越积越多。在面对糟糕的心情时，没有任何一种方法，比让自己痛痛快快哭一场更过瘾、更有效。所有烦恼、忧伤和委屈，都会随着泪水一同倾泻出来。这就像是给心灵做一次排毒 SPA，不要吝啬你的泪水，也不要羞于直接表达脆弱的情绪。

荷兰科学家们试验发现，类似《忠犬八公》《美丽人生》这样的悲情电影，对缓解人们的压力和负面情绪很有效。

从生理角度来说，人在哭泣时会将一些精神压力产生的毒素排出体外，同时人脑中会产生对提高兴奋度有益的化合物。从心理角度来说，哭泣可以使人的心灵得到慰藉，情绪得到释放。通过与电影中悲伤情节的对比，人们更容易体会到自己生活的美好，更容易产生幸福感。

2. 要善于向身边的人倾诉

很多人不愿意向别人倾诉自己的心事，担心遭到别人的嘲笑和埋怨。这种担忧大可不必。家人和最好的朋友，一定是生活中最关心你的人，在情绪不佳时，完全可以找他们倒苦水。根据你的倾诉，对方能够有的放矢地给予你宝贵的意见和建议，而且情绪低落的人往往容易走弯路、钻牛角尖，容易辨识不清生活中的真实情况，这时候听听别人的意见就显得非常重要。即便对方不能给予你意见，仅仅是认真地聆听，仅仅是一个微笑的示意，这对你来说都是莫大的鼓励和宽慰。你一吐为快之后就会发现，情绪已经恢复大半了。

3. 运动是解压宣泄的好方式

体育运动一方面可以起到转移注意力的作用，人们通过体力的消耗让自己专注于运动本身，从而忘却那些糟糕的心情。另一方面，运动过后会让人产生一种淋漓尽致的解脱感，所有的不快都会随着汗水一同流走。

为了证明跑步之类的有氧运动可以减轻心理紧张、情绪倦怠等症状，澳大利亚新英格兰大学的科学家们设计了这样一组比较实验。

他们将被试者分为三组：一组进行有氧方面的训练；第二组进行无氧力量训练；第三组保持静止的状态。一段时间之后，通过对各组被试身体指标的检测发现，前两组被试都不同程度地提升了个人成就感和幸福感，同时降低了知觉压力。特别是进行有氧运动的被试者，他们在降低心理压力等方面表现得尤为突出。

这个实验结果表明，跑步等运动可以起到释放情绪的作用，对于被生活压力和负面情绪所困扰的人来说，无疑起到了兴奋剂的作用。

4. 多参加一些集体活动

可以多参加一些集体活动，如讲座、社团活动等。在集体活动中发挥自己的专长，增加人际交往的机会，和谐的人际关系会使人获得更多的心理支持，从而缓解紧张和焦虑的情绪。学会发泄焦虑和压抑，我们的心理才会变得轻松。

5. 保证充足的睡眠

良好而充足的睡眠让一个人看起来精神焕发，从而在一天中会感觉到自信满满。有时会感觉压力大，工作紧张，这时千万别着急，放下一切，好好睡一觉，等精力充沛时再工作。俗话说：磨刀不误砍柴工，说的就是这个道理。

6. 调整自己的呼吸

当自己觉得很不开心时，闭上眼睛，深吸气，然后把气慢慢全放出来；再深吸气……如此持续几个循环，你会发现随着自己呼吸变得平稳，整个人也平静下来了。

当然，宣泄也要注意分寸，决不能做困扰他人或伤害自己的事情。没有哪一种宣泄方式是最佳的，也没有哪一种情绪是不能宣泄的。只要你根据自身的情况，选择适合自己的方式，就会使内心的积郁得以宣泄，心灵的重压得以释放。

第三章

永不放弃：不妥协，困难就给你让道

人生在世，会经历各种各样的事情，会遇到各种磨难与挫折。有的人选择向困难妥协，在困难的面前低头臣服，碌碌无为一生；有的人选择向困难挑战，虽然这条路很艰难，但他们永不放弃。抱着这样的信念，他们迎难而上。最后，他们战胜困难，迎来了灿烂的阳光。

正向思维：
如何对抗你的不合理常规

不断在挑战中磨炼，才能变得坚强

我们每个人都想避开痛苦，没有人愿意去遭受接二连三的打击。但是，普通的钢材只有经过高温的煅烧和铁锤的锻打，才能成为精钢；同样，一个优秀的职员只有不断地在困难与挑战中磨炼，才能增长才干，变得坚强和成熟。

任何一个人的人生都不可能一帆风顺！总会遇到这样或那样的挫折。面对挫折打击的时候，一些人由于自身的承受能力较差，常常被挫折击败。比如，有的人失败了就从此一蹶不振；有的人受到老板的严厉批评，就生出辞职走人的念头；有的人把事情搞砸了，就惶惶不可终日，寝食难安；有的人因受到同事的冷嘲热讽，就觉得暗无天日，满肚子阴霾……

挫折可以摧毁一个人的梦想，甚至可以击垮一个人。对绝望的人来说，挫折就是一座坟墓。然而，挫折并不可怕，可怕的是绝望和因绝望而放弃希望和努力。没有一条河流会永远波涛汹

第三章
永不放弃：不妥协，困难就给你让道

涌，也没有一条道路会永远坎坷泥泞，你相信面临挫折也会有一线希望，拥有良好的心态，不轻易低头和服输，挫折就会成为你播种希望最肥沃的土壤，成为你的晋升之阶。

汽车大王亨利·福特曾经受巨大的挫折，但他没有逃避，最终反败为胜。1903年，亨利·福特开始独立生产汽车。到了1908年，他便推出了第一批有名的T型轿车，销售立刻席卷全美汽车市场。此后的19年，他大量生产此种T型车，不再有任何其他的创意与改进。到了1926年，在低价位市场中，福特最强硬的对手雪佛莱却推出一批新型、舒适且马力更强的轿车，该款轿车的外形不但新颖，而且色彩亮丽。与那些老旧、清一色纯黑的T型车相比，简直是天壤之别。亨利·福特遭受汽车市场的巨大挑战。

雪佛莱轿车上市后，人们就喜欢上了它。随之而来，福特轿车失去市场，直线下滑的销售量让亨利·福特大伤脑筋。看着遥遥领先的雪佛莱，他不得不承认：市场景况与前时相较，真是不可同日而语。许多专家也预测，在汽车业中福特再也追赶不上雪佛莱了。毕竟其整个公司的营运每况愈下，一如其他小型企业，成功只是昙花一现。这些专家在预测时似乎未将亨利·福特个人的特质一并估计进去。的确，他失去了市场，正遭逢空前危机。然而离"失败"还差得远呢！至少他个人并不认命。

正向思维：
如何对抗你的不合理常规

1927年春天，亨利·福特关掉自己的工厂。尽管在此之前他曾一再声明要推出新型车，然而福特工厂"倒闭"的谣传仍然不断。有人说亨利·福特的工厂不可能再开张了。甚至还有人断言，即便他再度开张，所推出的新车也不过是T型车的翻版，不可能再有新的创意。

1927年12月，亨利·福特以实际行动证实他重整旗鼓的决心，推出了新研究的A型车，无论外形、动力还是售价方面都比雪佛莱更胜一筹。这种车型一上市立刻在汽车市场中引起轰动，亨利·福特再创佳绩，大获全胜。

以上这个事例说明，没有顽强的挫折承受能力，就没有亨利·福特的转败为胜。亨利·福特之所以能够东山再起、再创佳绩，就是因为他承受挫折的能力非同一般，并在挫折中不断酝酿智慧、勇气、信心和力量，从而挑战挫折，克服挫折，最终走出困境，走向成功。

职场中，挫折就像一座无形的墙，常常让我们防不胜防。在面对挫折时，不应在进与退之间计较得失、犹豫徘徊，更不应该选择逃避。逃避会消磨人的锐气，弱化人的勇气，淡化人的理智。久而久之，逃避会成为让我们感到安定却消磨意志的包袱。这也意味着我们将向挫折低头。我们应该不断增强自身的挫折承受能力，愈挫愈勇，迎难而上，勇敢地面对挫折，不屈不挠地与挫折战斗。唯有这样，才能叩开成功的大门。

我们该如何增强自身的挫折承受能力呢？可以从以下几个方面做起：

1. 热爱生命，增加勇气

西方有一位哲人说："迎头搏击才能前进，勇气减轻了命运的打击。"只有热爱生命，鼓足勇气，直面挫折，才能具备抵抗挫折的力量和能力。

2. 增强挫折容忍力

这主要取决于三点：一是身体健康状况，发育正常的人比百病缠身的人挫折容忍力高；二是过去的经验和学习，经验丰富、爱学习的人，挫折容忍力高；三是对挫折的知觉判断，知觉判断符合客观实际，就会增强自信心，不易为一时的挫折所击垮。

3. 做一个进取的人，并学会变通

进取可以帮助你抵御挫折，变通可以帮助你应对挫折。人有时需要给自己留些余地，不要吊死在一棵树上。进取和变通会让你做事游刃有余。

4. 培养解决问题的能力

要不断培养自己克服困难和解决问题的能力，要学会迎难而上、自我克制，学会倾诉和自我克制、自我宣泄，在实践中不断提高自身的抗压能力。

5. 勇于挑战失败和挫折

遭遇失败和困境时，不被击倒，发愤而起，才能有所作为。只有具备顽强而坚忍的意志和奋发向上的勇气，才能迎接成功的到来。我们千万不要因为时运不济而消沉、丧气，忍耐虽然痛苦，果实却最香甜。

逆境中，让压力成为你最强的动力

逆境是停止执行的理由之一吗？显然不是，恰恰相反，逆境能使人变得更出色，能使执行力得到更大的发展和体现！

一个坚韧不拔、具有抗挫能力的人，面对工作中的意外和失败时，不会感到自己正在承受灭顶之灾。他们往往能迅速冷静下来，找到解决问题的切入点，然后利用一切资源，积极面对事实。在他们看来，困难不是停止执行的条件之一，恰恰是一次创造漂亮的执行的难得机会！

成功赢得荣誉和利益，失败得到经验和教训！无论是成功还是失败，都能从中有所收获，提高自己的执行力。不要把成功当作执行的唯一条件，这样永远不会成功，很多时候，成功是由失败积累而来的。

第三章
永不放弃：不妥协，困难就给你让道

当你身处逆境甚至绝境时，不要自怨自艾更不要怨天尤人，这些都是无济于事的。应该勇于面对事实并剖析事实，找到逆境的击破点，然后变压力为动力，突破绝望获得重生。这个过程，需要坚韧不拔的承受力，以及变压力为动力的智慧。

当然，失败总是令人叹惋的。但没有失败的痛苦，我们也不会迫切地希望成功。人们应该把逆境作为一次挑战，这样，不仅能激发动力来克服困难，还有机会使我们成功。

总而言之，逆境、顺境；压力、动力只在一念之间。

姗姗是总经理助理，做事耐心细致、一丝不苟，而且善于揣摩上司的心理。作为助理，她总是把总经理的事务安排得井井有条，使总经理能充分利用时间，从繁杂的日常事务中脱身。因此，姗姗很受总经理的赞赏和重用。姗姗也认为自己在公司可以高枕无忧了。

岂料，年末时，需要总经理处理的事情一下子增加了很多，姗姗忙中出错，在一次与客户的谈判中带错了合同。这次失误，给公司带来了巨大的损失！

姗姗一下子从总经理助理，变成了公司的小文员。姗姗灰心丧气地想："这一次错误给公司带来了这么大的损失，自己一定不会再被公司重用了！难道自己一辈子就只能当个小文员了？"

事情过去几个月后，总经理觉得自己当初对姗姗的处分确实

正向思维：
如何对抗你的不合理常规

重了一些，她在自己身边时，自己也能轻松许多，于是就想把姗姗调回自己身边，仍然当自己的助理。

没想到，当总经理向人事部调人时，人事部经理却说，姗姗早在几个月前就辞了职……

一直受到上司重视的姗姗，缺少了员工必备的反省意识、分析能力以及抗挫能力。姗姗把"不降职"作为了工作的条件之一，于是在上司的惩罚面前，她显得恐惧、迷茫甚至绝望，最后她辞职了。

假如姗姗能经受住这一次失败，好好反省自己，分析一下当前的形势，她就会明白，自己不会一直做小文员的。她的逃避，不仅意味着放弃，还意味着对自己的否定——否定了自己以前的功绩、否定了上司对自己的赞赏、否定了自己的重要性！

归根结底，是姗姗自己在挫折面前太软弱、太悲观，把"顺风顺水"当作工作的必备条件，她缺少面对失败的勇气和对抗逆境的毅力。

即使上司不会把姗姗调回身边，姗姗就不能再一次成功吗？若姗姗能服从上司的安排，坚守自己现在的岗位，在岗位上做出成绩，上司看到她的努力和成绩，也会对她的态度和能力重新予以肯定！

无论怎样，坚韧不拔、无条件执行的品质和抗挫能力是一个员工所必备的！你不能保证，在职场中你就是常胜将军。逃避是毫无用处的，不把逆境当作回避的条件，而勇于、善于在逆境中找到生路，变压力为动力才是最重要的！

现实生活中没有所谓的"想当然"

面对困境，有的人抱有信心，并采取行动突破困境；有的人畏缩不前，对前景忧心忡忡。那么到最后，哪一种人能屹立不倒，成为众人瞩目的焦点呢？答案当然是前一种人。

有这样一句话：努力了不一定成功，但不努力一定不成功。面对困境，同样是考验我们是否肯努力，是否在努力。

智者告诉我们："人可以通过改变自己的心态去改变自己的人生。"换句话说，我们有什么样的心态，就会有什么样的人生。拥有好的心态，才会有好的心情，有了好的心情，才会用心做好身边的每一件事。

什么叫好心态呢？简单说来，就是正确认识人生、认识自己。要知道，生活是不可能遂我们的意愿的。生活往往和我们所向往和理想的背道而驰，这就是生活。好的心态就应该是不以自己为生活的坐标，接受现实，改变自己。只有这样，我们才能享受生活，感受幸福。

有一个女孩，从4年前毕业后，来到一家规模较大的地产公司工作。4年的时间里，她从最开始的业务员做到了现在的业务经理，每个季度的业绩都是全公司的前三名。

由于她出色的表现，深得老板的器重，同事们有难搞定的客户也都习惯求助于她，手下的员工们也尊重她，这使她的人气很高。

在她看来，这个季度的区域经理非她莫属了。她所在的公司人事升迁制度是内部升迁，按业绩排名和综合成绩择优挑选。也就是说，她现在的级别是业务经理，如果顺利的话，按照她的业绩，这个季度她就可以升任区域经理了。

自从升迁的消息传出来之后，她就感觉同事们都在有意奉承甚至是巴结她，她自己为此也有些得意扬扬，毕竟还不到30岁，如果能做到区域经理，在这家公司还是破天荒的事。

很快，人事部让她去领取业绩考核单了，并且让她核实了自己的个人材料。看来，马上就要宣布任职通知了。想到这里，她不禁心花怒放。

可是，让她乃至所有人没想到的是，升任区域经理的是另一个人，大家都不明白为什么她落选了。得到这个消息后，她的情绪急转直下，强烈的挫败感让她觉得难以在这家公司待下去了。

第三章
永不放弃：不妥协，困难就给你让道

家人和朋友虽然对她安慰和开导了很久，但是效果甚微。

这个女孩在工作方面是很优秀的，可就因为习惯了这种优秀，她难以接受出乎意料的挫败。

生活中这样的事很多。很多事看上去是理所当然的，是必然的，于是人们就主观判断、下结论，然后按照自己主观的想法去行事。但事情没有按照自己的意愿和判断去发展，甚至是朝着完全相反的方向发展。很多人都无法坦然接受这样的事，于是就影响了自己的心理状态。

在现实生活中是没有所谓的"想当然"的事情的，每个人的人生都有很多的路要走，不管你走的是哪一条路，困难、艰苦与其他意想不到的局面都可能会出现，都不会以我们的意志为转移。

我们不能对生活下什么结论，不能把自己置于一个安稳的想象环境下，更重要的是也不必动辄改道或临阵脱逃，唯有坚持下去，才能建立起坚强的信心，获得最后的胜利。假如在一件事情上我们已经付出了很多努力，即使遇到困难，即使暂时的结果和我们的想象和期待大相径庭，我们也不应轻易放弃，要坦然面对。只有这样，我们才不会前功尽弃，才不会在黎明前的黑暗中倒下。

加强抗压性，潇洒应对各种挑战

俗话说，人无压力轻飘飘。适度的压力能够让人在生活、工作和学习中保持一种紧张的状态，能够提升我们做事的效率。随着社会不断发展，压力已经成为人们身心健康的杀手，它让人心情郁闷、手足无措，甚至会感到窒息。通过一些方式来提高自己的抗压能力，对现代人来说就显得特别重要。

一个人抗压性的高低取决于心理素质的好坏以及对生活的态度是否得当。通过一定的方式来更新自己的观念，纠正自己的行为，调整生活的理念，就可以让我们的生活变得轻松。那么，我们该如何提高抗压的能力呢？

1. 要始终保持积极乐观的心态

不管发生什么，尽可能让自己乐观地面对。哪怕是你不愿意接受的结果，也要不停地告诉自己："没什么大不了，一切都会过去。"尽可能让自己的生活中多一些满足和欢愉的体验，培养自己从生活的细微之处去发现快乐的能力。英国心理学家夏洛特指出，积极乐观的心态能够给予人们清晨起床的动力，使人们更愿意为自己的工作、前途和积极的目标而奋斗。如果我们做任何

第三章
永不放弃：不妥协，困难就给你让道

事情都能保持这样一份好的心情和十足的干劲，那么自然就体验不到压力了。

2. 做自己力所能及的事

不要事事追求完美，更不要好高骛远，给自己设定不切实际的目标。一个人的能力毕竟是有限的，我们要对自己的能力和水平有清晰的认识。一件事要是超出了我们的能力范围，失败的概率就会增大。一旦失败了，人就容易对自己的能力产生怀疑，更容易产生急躁、焦虑等负面的情绪。

陈华曾经在一家世界500强公司工作。由于显赫的工作经历，内心始终有一种优越感。她刚刚进入一家新公司，就向领导毛遂自荐，希望能够独自完成公司的年终业务分析报告。

两周以后，报告终于完成。由于她对公司核心业务流程以及报表系统操作方式等都还不是很熟悉，以致报告内容非常空洞，没有突出重点，而且报告中引用的很多数据都是错的。

领导当着很多人的面对她进行了批评，使她无地自容。从此，她背上了沉重的心理负担，在公司做任何事都怕出错，每天走进公司大门就心跳加速，感到浑身无力。

3. 不要活在别人的眼光里

每个人都有生活的亮点，也都有着难言的苦衷，你看到的往往都是别人光鲜的一面，其背后的辛酸却往往看不到。别人的评价其实并没有那么重要，无论是好是坏，生活照旧，要按照自己的想法向着理想一步一步前进，不要在乎别人怎么说、怎么看。

4. 合理安排作息时间

如今很多人总觉得时间不够用，经常加班到深夜，休息日也没有放松调整的时间。持续紧张的状态，会让人身心俱疲，同时会出现倦怠、焦躁等负面情绪，从而导致心理压力增大。不管平日的工作或生活琐事有多么繁重，都要合理安排作息时间，该休息的时候一定要休息。充足的睡眠和适度的休闲娱乐，不仅不会耽误时间，反而会让我们以更好状态和更饱满的热情投入工作当中去，从而达到事半功倍效果。

德国著名思想家康德是一位合理安排作息时间的代表性人物。他每天早上5点起床，思考一天的工作内容，之后便是一整天紧张忙碌的工作。

不管工作有多忙，有多少友人需要接待，每天下午3点半，他必须要出门散步，在放松身心的同时，整理一天的思绪。他始终坚持这个习惯，风雨无阻。很多市民看到他出来散步就知道了时间，甚至都不用去看钟楼上的钟。

康德一生所取得的成就，和有规律的生活以及合理安排作息时间是分不开的。

除此之外，我们还可以通过适当的情绪宣泄、体育运动，或是培养一些有益的爱好来缓解压力。总而言之，只要注意对内心状态的调整，通过适当的方式，就不会被生活的压力所压垮。

古罗马寓言作家费德鲁斯说："心灵有时应该得到消遣，这样才能更好地回到思想与其本身。"在紧张的工作生活之余，要放松自己的心灵，给身心放一个假。成败得失不要过分看重，不要把自己逼得太紧太急。一个不被压力所困扰的人，才能轻装上阵，潇洒自如地应对各种挑战。

对那些打击你的人，说一声"谢谢"

没有人生来就喜欢经受痛苦，更多的人是喜欢顺顺利利的生活。生活过于顺利，生活环境过于安逸，往往是人们丧失斗志的根源。很多时候，人为了安于现状逃避现实，选择龟缩一隅。这样做是错误的，我们应该感谢那些挫折和磨难，正是这些磨难激发了我们的潜能，使我们从中得到了奋发向上的动力。

我们都得到过肯定、赏识和激励，而伤害、打击、蔑视和折磨是让我们印象最深刻的。人们对那些打击过自己的心存怨恨，对帮助过自己的人心怀感激，这是人之常情，反过来想想若不是那些打击和折磨，怎能让我们看清自己身上的不足之处，使我们

正向思维：
如何对抗你的不合理常规

成长起来呢。

郑道常说，他是在别人的嘲笑声中成长起来的。中学时，他根本没有多少心思用在学习上，日子过得浑浑噩噩，这样的生活一直延续到高三那年。有一天，两个成绩很好的同学在一起讨论要报考的大学，郑道也凑了过去说出自己理想中的大学。那个学校，就连班里学习最好的同学的成绩都望尘莫及，其中一个同学给了郑道一个不屑的眼神，还挖苦讽刺道："人啊，还是现实点好。"郑道的脸一下子涨得通红，他发誓，一定要考上那所大学，让他们看看他不是在做白日梦。

下定了决心，郑道就把自己埋进了书堆里，恶补落下的功课。奋斗了一年后，成绩大幅度提升，可是他不甘心屈就于一所普通大学，坚持复读一年，考上了当初他理想中的那所大学。

大学毕业后，郑道只身前往深圳寻求发展，一个小学同学初中毕业就去了深圳，通过技术培训，进入工厂后每月能拿到6000多块钱。同学的父亲在村里到处炫耀自己儿子是全村最会挣钱的。刚到深圳郑道找的工作不太如意，那个同学的父亲跑到郑道家里去，告诉郑道的父母说他在深圳找不到好工作，大学毕业生还不如初中生会挣钱，书都白读了。郑道接到父亲担忧的电话，心里十分难过。他暗下决心，一定要混出个样子来，超过那个同学。

第三章
永不放弃：不妥协，困难就给你让道

3年后郑道在一家大公司担任经理一职，工资收入早已超过了那个同学，并且有了自己开办公司的念头。办好离职手续，几个同事为他饯行，席间大家喝了不少酒，也对他说了不少祝福的话。期间，郑道出去接了个电话，回来时却听到原来的上司在屋里大声说："你们看着吧，郑道看上去好像很自信，我看他是太自负了。他在这行才做了多久，就想单干。就他这样的，弄出个小工作室，能和我们这个老牌公司相比吗？从无到有创立一个公司，哪有那么容易。我也不是看不起他，他的那个公司办不办得起来还不一定，就算办起来，能撑上几个月，也算是他运气好了。"

没有资金、场所、帮手、经验，为了将公司创办起来，郑道不知付出了多少汗水，经历了多少挫折，才招揽到几个旧同事和自己一同打拼。为了打开市场，郑道和同事一起跑市场，找机会，遇到了前所未有的困难。郑道甚至一度怀疑自己，当初的选择是否正确。

然而，老上司轻蔑的言语时常回荡在自己的耳畔，郑道告诉自己，不管怎么样，也要坚持住。凭借坚忍的意志、不懈的努力，郑道的公司终于走出了困境，业务量不断扩大，还招了很多新人。不到两年的时间里，他的公司在业界已经小有名气。郑道说，很感谢那些刺激过他的人，是他们的讽刺、打击让他不甘服输，无论在多难的情况下都咬牙坚持了下来。

我们应该感谢那些伤害过我们的人，没有他们我们就不可能进步。当一个人受到刺激、经历磨难以后，他的潜能才会被激发出来。也唯有如此，他才能在逆境中逼迫自己改变现状，勇于突破，才会获得新生。

不犯错是不可能的，经历曲折是很正常的。在你徘徊不前的时候，有个人刺激你一下，能够使你觉醒。我们应该把磨难当作动力，将挫折化作勇气，将刺激当作鞭策，朝着自己认定的目标，不断前进，最终赢得胜利。

对自己越苛刻，生活对你越宽容

教室的外面，狂风暴雪，好像有无数只疯狂的怪兽在呼啸、厮打。

学生们的心底都在叫冷，读书的心思早已打消，满屋子全是跺脚声。

鼻子被冻得红红的老师走进教室时，一股寒风趁机席卷而入。这时，往日很温和的老师一反常态，满脸的严肃庄重，甚至冷酷。乱哄哄的教室安静了下来，学生们惊异地望着他。

第三章
永不放弃：不妥协，困难就给你让道

"请同学们放好书本，我们到操场上去。"

同学们几乎不相信自己的耳朵——"这是为什么？"

"因为我们要在操场上站立5分钟。"

同学们想："这么冷的天要我们站外面，而且还是大雪之中，老师是不是疯了？"

尽管老师下了"不上这堂课，永远别上我的课"的"死命令"，还是有几个娇滴滴的女生没走出教室。

整个操场都被风雪弥漫着。篮球架被雪团打得"啪啪"作响，雪粒雪团让人睁不开眼，每个人的脸上好像有刀在划。学生们像一群刚从狼窝逃出的绵羊，又见到风神恶煞的狼一样，挤在教室的屋檐下，不肯迈向操场。

老师什么也没说，面对学生们站定，脱下羽绒服，"快到操场上去，站好。"学生们老老实实地到操场排好了三列纵队。瘦削的老师只穿一件白衬褂，衬褂紧裹着他，更显单薄。学生们规规矩矩地站立着。5分钟过去了，老师平静地说："解散。"

回到教室，老师说："在教室时，我们都以为自己敌不过那场风雪。事实上，叫你们站半个小时，你们也顶得住，叫你们只穿一件衬衫，你们也顶得住。面对困难，许多人戴了放大镜，但和困难拼搏一番，你会觉得，困难不过如此……"

学生们很庆幸，自己没有缩在教室里。在风雪交加的时候，

正向思维：
如何对抗你的不合理常规

在那个空旷的操场上，他们学到了人生重要的一课，那就是——要有"吃苦"的精神。

没有人喜欢吃苦。但是"梅花香自苦寒来"，没有付出，就没有回报。我们的获得都要经过艰辛的努力才能得到。没有吃苦的精神是不会成功的。

人一生中，都会遇到很多困难。经历的事情越多，往往就会越成熟，更加懂得如何处理和解决问题。多吃点苦，才能在面对困难时，充满克服的勇气。别害怕挑战与难题，因为难题越多，越能找出解决方法；更别担心困境，只要我们有突破困境的信心，再险恶的境地我们都能安然渡过。

要想做出成绩，就不能"心疼"自己。任何一个人要想做出一番成就，都要对自己"狠一点"，能吃苦才行。

小林被服有限公司是重庆被服行业一家知名的企业，它的董事长林良快，是一个非常能吃苦的人。从16岁出来闯天下至今，他认为自己和别人不一样的只是一种心态——"大不了睡地板！"这种心态支撑着他一路走过来。

林良快永远忘不了最初从浙江来重庆的日子。他和弟弟挤在一间10多平方米的小房间里。这里既是他们的寝室，也是办公室，更是仓库。累了，便睡在纸箱上；要写文件，纸箱成了办公桌。"我们舍不得买床、买桌子，因为那样货就没地方放了。"

第三章
永不放弃：不妥协，困难就给你让道

林良快说。他风趣地把那些纸箱比作"可以升降的床"，"一批货刚来的时候我们的床有2米多高，几个月后，货慢慢发走了，我们又睡到了地板上"。

回首过去，林良快并不认为自己吃了很多苦。他说："年轻人最应该做的就是踏踏实实地学习，不会的学，不懂的问，即使失败了也没有关系，从头再来。因为年轻，就不怕失去——大不了重新睡地板！"

众所周知，精致的瓷器，都要经过多次烧烤。没有经过多次烧烤的瓷器，不会坚固和精美。无数事实告诉我们，在漫长的烧烤环境中经得住磨炼的人，才有成功的可能。在生活中，那些怕吃苦、拈轻怕重的人，是很难干出事业、做出成绩的。干事业需要狠劲，需要吃苦的精神。

为了锻炼吃苦精神，我们可以给自己"制造"困难，使自己得到提高和锻炼。比如，"排演"一场比你所要面对的困难更为复杂的挑战；比如，手头上有诸多棘手的活儿而自己又犹豫不决，不妨挑选最难的事先做；生活中，一切让你感到为难的事情，你都可以用来挑战自己。这样做，当然不是为了"没事找事"，而是为开辟成功之路做必要的铺垫。

我们不要等危机或悲剧到来时，毫无准备、手忙脚乱。"圣女"贞德说："想要赢一次，就必须要受十次伤！"成功不仅要有明知山有虎、偏向虎山行的勇气，还要经过多次磨难的洗礼。

你对自己越苛刻，生活就对你越宽容；你对自己越宽容，生活就对你就越苛刻！从明天起不再赖床，走出家门，让你的脸庞在刺骨的寒风中挂上微笑的印记！

成功没有捷径，谁都是在磨难中前行

有个年轻人，大学时期就表现出了超出常人的经商头脑，经常在学校做一些小生意，养活自己不说，还可以赚到读书的学费。当时他的一位老师大胆地预言，这位年轻人很有可能成为一个出色的企业家。可是后来毕业多年，这位年轻人都没有什么作为，倒是他的一些不被看好的同学慢慢地有了一些建树。

老师在一次同学聚会上听说了他的情况：大学毕业以后，他被一家大型企业录用，做了一名办公室文员，整天很舒服，很少像其他人一样忙里忙外。后来，企业改制，他被列入"停薪留职"名单，这才如梦初醒，开始规划自己的事业。他先后开过服装店、烧烤店等，都赔得血本无归，还欠下了一大笔债，后来不得不到一家小公司打工度日。

第三章
永不放弃：不妥协，困难就给你让道

这位年轻人的失败说明了一点：失败不是一种坏习惯、一种资质与能力的低下，而是意味着没有竭尽全力。

一个人在成功之前，人生的哪个阶段错过了这门课，就要在哪个阶段补回来，否则，就不会前进。

没有一种成绩的取得是不经过个人努力的。正如天下没有免费的午餐，在工作、生活、学习中，容易走的往往都是下坡路。只有能经得住大风大浪，冲破重重险阻的人，才能收获最后的成功。

是的，成功不是随随便便就来的，没有付出就没有回报。让我们看看松下幸之助和松下电器公司的一位代理商之间的故事。

松下有一次和一位代理商聊天，那个代理商对松下说："最近的生意不好做，一分钱都没赚到。你有没有好的想法？"松下问他："你父亲把店交给你已经20余年，目前你店里也有50多名员工，时下正值经济萧条，业绩不好也正常。可是，到目前为止，你尿过血吗？"

那个代理商答道："不，我从未有过。"

"那只能说明你还没有完全尽力。"松下想这么告诉他。他说："经营事业没有想象中那么简单。当你身处逆境时，必须彻夜不眠地思考解决方案，才能摆脱逆境。当你身心俱疲时，尿液就会变成红色。只要你肯积极努力地去寻找解决办法，早晚会冲

正向思维：
如何对抗你的不合理常规

破重重困难。说法也许有些夸张：我认为必须有两三次小便发红的经验才能成为一个成功的商人。假如现在你的生意很好，你的尿液当然不是红色。可是，这家店已经有40年的历史了，它不能毁于你手，当身处困境时，你只是诉苦，我认为你没有付出全力。你们店里50多位员工的生计还要靠你。你要是不尽心尽力地发展事业，怎能让这50多个员工跟着你呢？我身为厂商，绝不能因此而降低价格。希望你好好想想让销售变好的策略，等你尿液变成红色的时候，你肯定会想出一个好的办法。"

听了松下的教导后，那位代理商把松下的原话告诉了自己50多位员工。他希望员工们有所改变，大家团结一致共同找出提高销售成绩的推销策略。从那之后，那位代理商每天都要去拜访两三家顾客，并且亲自安排橱窗里的产品陈列。半年的努力收到了回报，一些零售店的老板乐于从他那里进货，生意也一天好过一天，往日的不顺也一去不复返了。

不久以后，松下又碰见了那位代理商。那位代理商告诉松下："没有您的一番教导，销售量不会像现在这么好，谢谢您。"

光靠勤奋，也许你会认为不见得能完成一项很棒的工作，因为你不是天才。实际上不是这样。天才也需要后天的努力。化学元素周期表的发现者门捷列夫说："终生努力，便成天才。"文学家高尔基也明确指出："天才就是勤奋。人的天赋就像火花，它可以熄灭，也可以燃烧起来，而逼它燃烧成熊熊大火的方法只有一个，就是勤奋、勤奋、再勤奋。"

成功没有捷径可走。我们不能因聪明而自恃，想要成功就要经过漫长的积累。著名女企业家玫琳·凯说过："我们必须全力以赴才能赢，不能有所保留。有些人失败，是因为他们没有全力以赴，而不是能力不强或不聪明、机会不够等。当你期待成功时，不妨倾己所能，全力以赴。要相信自己能做到。自信绝对能带领你走上成功之路。""做出最大的努力。不要畏缩不前，要使出自己全部的力量，不要担心把精力用尽。成功者总是做出最大的努力。"

一分耕耘一分收获，想成功就一定要付出。人生就像梅花一样，经过寒冷的磨炼，才能绽放出美丽的花朵，"梅花香自苦寒来"就是这个道理。

第四章

时间管理：对抗生活中的拖延症

很多人看起来很忙，事情总也做不完，时间总是不够用。这是因为他们没有学会合理地安排时间，不懂如何利用时间，造成了时间快速流逝，该完成的事情却一拖再拖，没有一点进展。要想避免这种情况，就要学会正视时间，学会安排和设计时间，才能合理地利用时间。

正向思维：
如何对抗你的不合理常规

患有拖延症的人，永远没有时间观念

一场电影你迟到 5 分钟，你将会错过一个十分精彩的开场白；寒冷的冬天早上你在温暖的被窝里迟迟不想起床的时候，那些成功人士正坐在电脑旁兢兢业业地工作；你已安排好今天的行程，朋友却打电话来邀你逛街喝咖啡，你明知今日事今日做，最后却抵不过诱惑想着明天再做。你拖延越久，就会被时间落下越久。你拖延的时候，时间并没有因为你而停下它的脚步。今日复明日、明日何其多，人的一生中又有多少个明日呢？

拖延者喜欢在事情一开始的时候不急不慢，事情拖延到最后期限日益临近没有办法再拖延的时候，才感觉时间过得飞快。不管时间是不是幻觉，我们始终都无法去阻止或者改变时间前行的脚步，最后的期限最终还是会如约而至。

英国的一所学校里，学生们正在操场上活动，有的打篮球，有的踢足球，有的在跑步，各种各样的体育运动都在紧锣密鼓地

第四章
时间管理：对抗生活中的拖延症

进行着。可是，有一个叫来茜的小女孩却坐在离操场很远的一棵树底下，专心致志地读书。

来茜以前很贪玩，学习成绩一直不好，老师说她智商太低，永远不会有出息。同学们说她是一个笨家伙，就连她最要好的朋友杰米也同她分手，不再同她来往。父母都认为她读书根本没用，不但不进行辅导，母亲还让她帮着做家务，更可恶的是她的父亲，每天都对她骂骂咧咧地说："如果你的学习成绩3个月后不提高，我将把你介绍到一家纺织厂去做工。"

在同学的冷眼、父亲的谩骂之下，来茜终于醒悟了，她没有想到一个学习成绩不好的孩子会是这样的。她下定决心，一定要尽力把落下的功课补上。

于是她一改往常的习惯，不再贪玩了。一天，母亲出去买菜，让她看好院里晾晒的衣服，可她偏偏为了一道数学题忘记了母亲的嘱咐，等母亲买菜回来，衣服早已让邻居家的一只小花狗给叼跑了。为此，母亲狠狠地打了她一顿。

晚上，同学们都入睡了，她还趴在床上学习。就这样，来茜没日没夜地学习，虽然她熬得眼圈发黑，身体渐渐消瘦，学习成绩提高了一大截。到期终考试时，她以全校第一的好成绩，赢来了同学们的笑脸和父母的夸奖。

来茜的故事告诉我们，时间能送给你宝贵的礼物，它能使你变得更聪明、更美好、更成熟。不怕时间不等人，就怕你不知怎样去利用时间。

一天只有 24 小时，容不得你浪费

很多人每天起床第一件事，就是拿出手机，仿佛批阅奏章一样一条条刷着朋友圈，给这个留个言，给那个点个赞。出门上班时，也是低头玩游戏或者看电影。这已经是现在社会的一个普遍现象。

说到我们的习惯，可以对比一下那些匠人。在电视中，一个开豆腐坊的匠人。天还未亮就起床，开始按部就班地制作着那些豆腐，哪怕在不需要工作的时候，他也总是不放心地四处看看，要不就是坐在屋中闭目思考。

这就是我们普通人和成功人士的区别，成功者的身心都放在事上，无时无刻不在思考着如何能将它做得更好。而我们每天都无时无刻不在浪费着时间，想着怎么能让时间过得更快些，下班更早些。

时间就是成本，在还是职场新人的时候就要养成时间观念，将会有助于以后的晋升和工作效率的提高。如果你想做一名好员

第四章
时间管理：对抗生活中的拖延症

工，以后想成为一位好领导，那就应该加强时间观念，不要虚度工作中的每一秒钟。

古人云："一寸光阴一寸金，寸金难买寸光阴。"这也足以说明了时间的宝贵。对于那些除了聪明没有别的财产的人，时间是唯一的资本。可以说，时间就是生命。浪费时间就是浪费生命，主宰时间就是主宰生命。我们应好好珍惜它，好好利用它，使它发挥出应有的作用。

年轻的阿曼德·哈默正是因为不虚度生命中的每一秒，所以才取得了举世瞩目的成功。

阿曼德·哈默19岁时，父亲患了重病，无精力管理公司，就将与别人合办且面临倒闭的公司交给他经营。阿曼德·哈默当时还是大学一年级学生，他接手公司后，既要安排时间学习，又要管理公司。面对着一个即将倒闭的公司，怎样将读书和工作很好地结合起来，这对年轻的阿曼德·哈默来说可谓是一个重大的挑战。

阿曼德·哈默要花大半天时间去工作，而不能去听所有的课程。于是，他请同学替他在课堂上做好笔记，他晚上回来后学习。这样，他既可以把更多的精力和时间放在工作上，又不耽误大学的课程。由于他不虚度工作中的一丁点儿时间，又经营有方，公司效益出奇得好。但那段时间，阿曼德·哈默每天都必须

正向思维：
如何对抗你的不合理常规

精确地分配时间，每天在经营公司的同时，还要抽出几个小时集中精力钻研同学为他抄下来的笔记。工作和继续学业使他懂得了时间的宝贵。

由于善于利用时间，不虚度每一秒钟，阿曼德·哈默在工作上取得了惊人的成绩。22岁那年，公司纯利润超过了100万美元，他成了一名年轻的百万富翁，还顺利修满了医学学士学分，获得了哥伦比亚大学医学学士学位。

阿曼德·哈默之所以能够如此高效——工作和学业双丰收，完全得益于他高超的时间经营艺术——善于珍惜时间、利用时间，不虚度一分一秒。

工作中，我们无时无刻不在面对时间问题，无论是面对重大的人生转折，还是芝麻绿豆的工作小事，难免要做一番抉择，必须自己承担抉择的后果。当然，结局不一定是美好的，尤其在时间的安排无法符合内心的罗盘时，我们需要向珍惜时间的人学习，学会巧妙地利用自己的时间，以便在有效的时间内最大限度地做更多的事情。

人们常说："不尊重时间，就是在浪费生命。"虚度时间，既浪费了自己的生命，也浪费了他人的生命。凡是珍惜时间、不肯让一分一秒从自己的指缝中流走的人，最后一定能在他的生命中打上"高效率"的标记。

第四章
时间管理：对抗生活中的拖延症

时间的重要性是如此突出，只有不虚度光阴、善于利用时间、珍惜时间的人才能更加接近成功，才能取得更高的工作效率。每个人每天只有 24 小时，怎样才能胜人一筹呢？那就要珍惜每一秒，争取在单位时间内创造出更多的价值。

具体到工作中，我们怎样才能做到不虚度每一秒呢？可以参考以下做法：

1. 合理安排时间

时间对每个人都是公平的，谁也不多，谁也不少。同样的时间里，有的人可以高效地完成事情，原因就在于他们通过事前的时间安排来赢得时间。

2. 分清主次

按照事情的轻重缓急安排时间，并依次处理事情。

3. 制订第二天的工作计划

在准确地制定目标之后就该制订时间计划了。

4. 留有计划外的时间

不要过多安排事情，若把一天的时间都安排得满满的，没一点空闲，那么一旦出现一种不可预料的事，就会打乱全部日程。

正向思维：
如何对抗你的不合理常规

不要把人生大好时光，虚度在拖延中

很多人总是习惯于做事拖延。他们总是找很多借口、很多理由，或是因为外界环境太恶劣，或是因为自身准备不充分，或是还没等到行动的大好时机。即便真的准备好了、条件成熟了、时机来临了，他们依旧不采取行动，依旧享受着安逸之后的又一个安逸。直到失败来临，他们才真正体会到因拖延而带来的悔恨。

有一条人生失败的教训不能不为我们所铭记：总是心动的时候多，行动的时候少。你想成为一名健身达人，却总是告诉自己等天气好一点再开始锻炼；你想考取注册会计师，却总是告诉自己等明年复习得充分一点再报名考试；你想创业开一家自己的店，却总是告诉自己等心情好一点、头脑清楚一点再开始自己的计划；你想给父母和家人更多的呵护和关爱，却总是告诉自己等钱挣得足够多再去考虑让他们过上更好的生活。

人生中很多的时光和机遇，就在这样无休止的等待中错过了。天上不会掉馅饼，世间的很多成就不是要等到万事俱备以后才有采取行动的理由，真是那样，为理想而拼搏也就没什么意义了。做事之前计划周详能够减少出错的概率，但这不能成为一个

第四章
时间管理：对抗生活中的拖延症

人畏首畏尾、瞻前顾后的借口，如果不能果断采取行动，再完美的计划和目标永远都是纸上谈兵。

美国南北战争时期，西点军校的高才生麦克莱伦将军被誉为"小拿破仑"。可他在与南方军交战中无法取得实质性突破，一时间成为笑柄。

他总是抱怨装备不够精良，抱怨没足够的时间训练士兵，总向总统提出各种各样的要求。可当拥有了这一切时，他依旧以准备不充分为理由拒绝向南方军发起进攻，或是过分谨慎不肯追击南方军而错过许多取胜机会。

在一次非常关键的战役中，他因为犹豫不决、举棋不定，在军队人数是对方两倍的情况下，错过了全歼对方的机会，使战争不得不持续了三年，造成不必要的人员伤亡和财产损失不计其数。总统最终对他失去了耐心，解除了他的军职。

有人这样评价麦克莱伦："有一种超越任何人想象的惰性，只有阿基米德的杠杆才能撬动这个巨大的静止。"

拖延会让我们人生一无所获。很多人总是抱怨自己情绪不好、状态不佳、时运不济，总想把今天的事拖到明天。明日复明日，明日何其多。时间对我们每一个人来说都是有限的，我们拖延越多的时间，就会浪费更多宝贵的机会。更何况，成功本就不是唾手可得的，真等到一切都准备好了，别人或许早就先行一

正向思维：
如何对抗你的不合理常规

步，哪里还轮得上你。

很多人虽然有着雄心壮志，到头来却一事无成，就是因为他们一直在拖延，将所有时光都消耗殆尽。那些真正取得成功的人，往往都深刻地懂得行动胜于一切的道理。

香港富商李嘉诚是一位日理万机的精明商人。可是，他的办公桌却非常整洁，陈设也非常简单，桌面上甚至连一页纸都没有。这是因为他始终秉持着"今日事今日毕"的做事原则。

不仅如此，他还把这个原则作为管理企业员工的信条。在他看来，人要是有了拖延的恶行，进取心就会减少。在通往成功道路上，浪费每一秒钟就是最大的错过。

美孚公司是世界500强之一，在公司高层的办公室里，都挂着一个写有"绝不拖延"字样的白板。"绝不拖延"是这家公司的行为准则。在他们看来，避免拖延的唯一方法就是随时行动，没人会为你的拖延承担后果和损失，每一名员工都不能拖延哪怕半秒钟时间。

人有时就要有豁出去的精神，不管未来怎样，倾尽全力把眼前的事情做好。也许在取得成功之前，我们不得不放弃舒适安逸的生活，要进行很多枯燥乏味的努力，甚至忍受很多挫折和坎坷带来的煎熬，但这正是人生奋斗的意义所在。正如卡耐基说的那样："没成功之前要做与成功有关的事情，成功之后才可以做自己喜欢的事!"

美国著名政治家本杰明·富兰克林说:"千万不要把今天能做的事留到明天。"拖延,往往源自对失败的恐惧。你要是已经确定了目标,就把这种恐惧丢弃,全身心地放手一搏。等待和逃避不会迎来成功的眷顾,赶快行动,绝不拖延才是明智的选择。

合理利用时间,把重要的事情放前面

合理地利用时间是每一个人追求的目标,要怎样利用时间才算合理呢?高效能人士大多不会一开始就直接着手工作,总会先进行合理的时间安排。由此可见,合理利用时间的前提就是要首先安排时间。

目前,很流行"第三代时间管理",这种时间管理讲求优先顺序的观念,也就是依据轻重缓急设定短、中、长期目标,再逐日制订实现目标的计划,将有限的时间、精力加以分配,争取最高的效率。柯维说,如何分辨轻重缓急与培养组织能力,是时间管理的精髓所在。

在我们所经手的事情中,决定我们工作成效的往往是一两件,这一两件事决定着事情的成败或者工作的成效。做好这一两

正向思维：
如何对抗你的不合理常规

件事情就非常关键，把时间用在这一两件事情上面，就是一种高效管理时间的方法。

一家公司为了提高开会的效率，老板买了一个闹钟，开会时每个人只准发言6分钟，时间一到，闹钟就会响起来。这个措施大大提高了开会的效率，每一个发言的人为了能在6分钟之内把自己的看法表达清楚，他们不会讲废话，这6分钟内讲的全部是最重要的事情。

杰克是一家公司的董事长，是一个管理时间的高手。他每天清晨7点钟准时来到办公室，先是默读半个小时经营管理方面的书籍，然后便全神贯注地思考本年度内必须完成的重要工作，以及所需采取的措施和必要的制度。接着开始考虑一周的工作，这是一项十分重要的工作。他把本周内所要做的事情一一列在黑板上，之后就在去餐厅与秘书一起喝咖啡时，把这些考虑好的事情和秘书一起商量，然后做出决定，由秘书具体操办。正是这种时间管理法，使杰克极大地提高了自己的工作效率，推动了企业整体绩效的提高。

你想获得更大的成绩，就需要抛开那些无意义的事情，将时间花在有意义的事情上——那些真正能给你的生命带来成功和喜悦的事情上。这些能给你的生命带来成功和喜悦的事情就是最重要的事情，把时间花在最重要的事情上就是对时间的一种最好管

第四章
时间管理：对抗生活中的拖延症

理。时间对于每个人来说，都是公平的，不会因为人的叹息而停留，也不因人的感慨而驻足，却因人的努力抓住它而产生最大的效率。

很多职场人士，觉得自己花了许多的时间，从早忙到晚，还经常加班加点。表面上看，他们好像很努力，很会利用时间，事实上却并非如此。很多从早到晚忙个不停的人的工作绩效并不突出，有些还相当低。这是为什么？就是因为他们每天都在瞎忙。把时间留给最重要的事情，而不是瞎忙，要高效率地利用时间，使每一分、每一秒都产生最大的效益。

"效率大师"艾维利曾经向美国一家钢铁公司提出一个时间管理的方法，这个方法使这家公司用5年的时间，从濒临破产的状况一跃成为当时全美最大的私营钢铁企业，艾维利也因此获得了2.5万美元的咨询费，因此管理界将这种方法比喻为"价值2.5万美元的时间管理方法"。

究竟是什么"魔法"让这家企业起死回生？这个"魔法"就是有效的时间管理。它要求员工把每天所要做的事情按重要性排序，分别从"1"到"6"标出6件最重要的事情。每天的工作一开始，就先全力以赴做好标号为"1"的事情，直到它被完成或被完全准备好，然后再继续全力以赴地做标号为"2"的事，依此类推……

正向思维：
如何对抗你的不合理常规

为什么是"1"到"6"呢？艾维利认为，在一般情况下，如果一个人每天都能全力以赴地完成6件最重要的大事，那么，他一定是一位高效率人士。

成为一个高效率的职场人士有多难？只需要分清什么事情是"1"，你也可以成功地掌握高效"魔法"。首先我们应当对要做的事情分清轻重缓急，也就是四个区间——重要且紧急的影响企业发展的事情；重要但不紧急的影响企业发展进程的事务；紧急但不重要的无关大局的事情；既不紧急也不重要的琐事。

小陈是一名学习成绩很不错的学生，老师们都对他寄予厚望。果然，高考时，他不负众望地考取了一所名牌大学。

然而，就在接到录取通知书时，小陈退缩了。因为在他们那个贫穷的村落，他的家庭勉强解决温饱。那笔昂贵的入学费用以及上学后每月高额的生活费，是他的家庭所无力承担的。即使家里举债支付了入学费用，他也不想以贫穷和落后的姿态走进学校。最终他决定，南下打工一年，等挣足了学费后再重新考大学。

这个提议显然被所有人反对。但小陈谢绝了所有人的劝告，背起简单的行李毅然南下。打工的第一年里，他拼命地挣钱，省吃俭用，终于如愿以偿挣足了学费，然而他想再坚持一年，多挣一些钱，可以让自己生活得更好些，也能给家里留下一些积蓄。

第四章
时间管理：对抗生活中的拖延症

于是第二年，他更加努力，结果不到半年就完成了自己一年的任务。受到激励的他感觉自己是经商天才，于是更加努力地工作。

等到第三年，当他以一个富有者的姿态回到家乡，重新坐在教室里准备重圆大学梦时，小陈发现原先熟悉的课本和知识已变得陌生，随着教育的改革和发展，自己的优势尽失。半年后，他失败地离去。

时间不会停止，生命的顺序也不可能重新调整，我们用今天的时间去做明天的事，今天的事情就会被搁置，而且失去的远远不止一天而已，也许一生的进程因此会被打乱并且失去本来可以收获的成功。那么，一天的时间应该如何合理地安排呢？

1. 切勿操之过急

很多时候我们的失败源于操之过急，要知道，把手头的工作做好是迈向成功的第一步。

2. 专注于一件事

在记录和分析并且安排出可以做事的时间之后，接下来需要做的，就是做出成果和有所贡献。高效能的秘诀就是"专注"。换言之，重要的事情摆在第一位，而且一个时间段内只做一件事。

只做一件事意味着迅速完成任务，而越集中时间、心力和资源去完成每一件事，最后完成的任务就会越多。找出优先完成的事项其实很容易，许多人之所以无法专注，困难便在于找出哪些是次要的事，亦即决定什么事不要做。到了执行的阶段，决定事情该做与否，需要的不是分析，而是勇气，而这种专心致志和决心，就是时间管理能力的表现。

3. 分清轻重缓急

很多事情，我们若不能分清"轻重缓急"，"重要不紧急"的事情就会被积压得越来越多，最后都演变成了"重要而紧急"的事情，即使忙得团团转也没能把事情做好。计划时间的时候要分清楚事情的轻重缓急，必须要先找出需要做的事情，专心专注地逐一完成每件事，在尽可能的情况下做好从"1"到"6"。只有分清了缓急轻重，才能更好地利用时间，进一步合理地安排任务，才不会影响工作。

心动不行动，机会只会白白错过

很多时候，一次成功的执行就在一念之间，就在那些稍纵即逝的灵感火花之后。想法固然重要，若没有说干就干的魄力，心动之后马上行动的干脆，就算有千万次的心动，不过都是水中月、镜中花罢了。

第四章
时间管理：对抗生活中的拖延症

纸上谈兵的故事我们都听说过，满腹才华、熟读兵书却在长平之战中"坑害"了赵国几十万将士的赵括更常常成为我们嘲弄讥讽、口诛笔伐的对象。古代只有一个赵括，现代，我们身边的"赵括"又有多少？

不知道多少次，我们信誓旦旦地对自己说："我要做……我一定要做……"我们做了吗？不知道多少次，我们下定决心要将脑中璀璨的灵光变成现实，我们变了吗？不知道多少次，我们大谈特谈明天我要如何如何，下月我要如何如何，我们真的做了吗？

说话很简单，上嘴唇对下嘴唇，张张嘴，就说了，我们说出来的话，又做到了多少，实现了多少？我们说，屋里会有光，如果不去点燃蜡烛，打开电灯，屋里依旧会一片漆黑；我们说，种瓜会得瓜，要是空坐家中，对着一包未开封的种子发呆，我们的瓜又在哪里。

说什么真的不重要，懂得什么也真的不重要，重要的是我们能做什么，我们能做到什么。

1989 年 4 月，香港女作家梁凤仪发表了她的第一部小说《尽在不言中》，一经出版便引起轰动，为她的"财经系列小说"开了个好头。

此后，她就以令人难以置信的速度，以近乎批量生产的方

正向思维：
如何对抗你的不合理常规

式，创作起小说来。

1990年，梁凤仪写出了《醉红尘》等6部长篇小说。1991年，她更上一层楼，一口气出版了《花帜》等一系列作品。

当时，梁凤仪的财经小说发行量特别大，在港台地区刮起了一阵猛烈的"梁旋风"，她的书让出版商赚得盆满钵满。

梁凤仪心中一动，自己的小说既然如此受欢迎，如能创造经济效益，为什么不自办出版社呢？说干就干，于是，她亲任董事长和总经理，成立了香港"勤+缘"出版社。"勤+缘"出版社获得了很好的声誉，由此带来巨大的经济效益。仅仅在建社的一年半以后，"勤+缘"出版社便收回了投资，并在两年以后，一跃而成为香港3家营业额最高的出版社之一。

没有梁凤仪的那一心动，就不会有"勤+缘"出版社的诞生，更不会有今天的壮大和辉煌。这说明不管我们有了怎样的想法，无论是实际的还是看似荒唐的，只有有必胜的决心，再配合确切的行动，才有成功的可能。

有时，执行和拖延的差别就在于是否有行动。从这个角度来看，世界上其实只有两种人：空想家和行动家。

空想家善于谈论、想象、渴望甚至设想去做大事情，他们总会产生很多的梦想，却很少行动，或许是缺乏实践的勇气，或许是缺乏实践的能力；行动家则是只要有了想法，就会迅速做出反

第四章
时间管理：对抗生活中的拖延症

应，毫不迟疑地去尝试、去实践，在不断地行动中走向成功。

在现实生活中，总有许多空想家存在。他们是言语上的巨人，行动上的矮子，虽然时不时地喊出几句豪言壮语，却不能付诸行动，最终还是一事无成。

张晓蕾一直都认为自己很成熟，自己比同龄人懂得多，经历得多，每当身边的伙伴迷茫困惑或遭遇挫折的时候，她都会以过来人的姿态去安慰她们，给她们出主意，帮她们解决问题。可是，一旦同样的状况发生在自己身上，同伴用她曾经说过的话来劝导安慰她的时候，她却无法释怀。

不止一次，她为自己制定了精美的日程表，将自己的生活和工作详细地进行了部署和安排，可是真到了要按计划执行的时候，她却全部选择了放弃。

她想去西藏支教，为此读了许多关于西藏民俗风情方面的书，考进华东师范大学后，她专门进行了一年的低氧运动训练。可是，一年又一年，每当支教的名额分配下来，每当学校号召支教者报名时，她却都选择了放弃。

大一拖到大二，从大二拖到大三，从大三拖到大四，又从大四拖到工作之后，十年过去了，张晓蕾却依旧是一个嚷着要去支教的"矮子"！

事实上，很多人都有着类似的经历，可以轻易地说出要怎样

正向思维：
如何对抗你的不合理常规

去做，却无论如何都不去做。

生活中此类人确实不少，将著名诗人艾青的"梦里走了许多路，醒来还是在床上"这句话送给这些人，真是再合适不过了。

他们小心谨慎，为了达到理想和目标，研究来研究去，考察了许多实际情况，制订了很多详细的计划。可就是不去执行，一番左思右想后，推翻原有的计划，重新制订计划，新计划列出后，又马上会被更新的计划所取代……就这样一而再、再而三，在周而复始中时间已经白白流逝，最终也会因为拖延而一无所获、一事无成。

这些"只会想不会做""只动脑不动手""三思而不行"、畏首畏尾的人就是典型的只想不做的空想主义者。还有些人心中理想很多，今天冒出一个这样的打算，明天制订一个那样的计划，信誓旦旦地立志要做一个拓荒者，甚至还发出了不达目的绝不回头的豪言壮语。结果仅仅是三分钟热度，第一天、第二天坚持了，第三天勉强地坚持，到了第四天豪言壮语就被抛到九霄云外了。这同样也是想和做的严重脱节，心动过后没有实质性行动的表现。

没有行动，一切都不会出现，哪怕是失败的经验都不会得到；没有行动，就算机遇来了，也只能眼睁睁看着它溜走。

第四章
时间管理：对抗生活中的拖延症

做好时间规划，不再陷入慌乱

许多人忙来忙去，最终只是穷忙，他们只知道埋怨自己命运不好，没有一个好家庭、好工作，甚至感到生活真累。他们不知道怎样合理地利用时间，因此，往往使自己的生活不如意。

"唉！工作又没完成""唉哟！我怎么又忘了健身""我真后悔，一辈子竟一事无成"，日常生活中我们总能听到这样的叹息声。

陈志飞是一家公司的副总，虽然靠着勤奋一步步爬到副总的位置，但他依然有着散漫、对时间没概念的坏习惯。有一天，当陈志飞走进办公室看到桌子上的一摞摞报表时，感到非常头痛，当看到一半的时候，秘书走进了他的办公室说："陈总，一位客商要求见您。"他不在意地说："让他先在会客厅等一会儿，我马上就过去。"

当他用大约一杯茶的工夫翻阅完这些报表走进会客厅时，看到那位客商正焦急地在会客厅里走来走去。于是他满脸堆笑地对客商说："对不起！我工作太忙，让您久等了。"

客商听到他这句话后，说："如果你实在没有时间，不如我

正向思维：
如何对抗你的不合理常规

们改天再谈吧！"于是那位客商就走了。

看着客商离去的背影，陈志飞一时感到迷茫。

第二天，董事长对陈志飞说："你被辞退了。"

陈志飞急着说："我为公司可没少卖命，你一句话就把一个高级职员给辞了？"

董事长见他仍然执迷不悟，说道："你把1000万元的生意给搅黄了，知道吗？"

陈志飞终于明白了，原来是自己的一句话惹恼了客商。他想起了初来这家公司的时候，在公司的《员工须知》专栏里有这样一段话："时间至关重要，凡是本公司员工，一律遵守时间，任何人不能因故迟到或早退；要按时完成任务；要做好时间安排，哪怕是最小的细节也必须在日程安排中列出来并付诸实施。"

有些人每天上班就是混时间，到头来一事无成。有些人则很会设计自己的时间，他们守时、准时和省时。他们先设计自己的时间计划，然后再行动，这样就不容易使自己在实现目标时浪费时间了，从而很快地实现自己的奋斗目标。

你也许没有意识到，事实上你一直在这样做，也就是说，你在设计着你的每一分钟或者每一小时，也可能是每一天。每天早上，你睁开惺忪的眼睛，首先看一下闹钟，你要用时间去衡量自己的一切。比如，刷牙用 5 分钟，洗脸用 10 分钟，吃早点用 20 分钟，赶往学校用 1 个小时。你怕迟到被老师罚站，你必须设计好时间。这只是一天中的一小部分。

不管你多忙，赶快设计自己的时间吧！

学会时间管理，进入高效时代

越来越多的职场人士知道，时间管理是事业成功和企业发展的关键。个人和团队能否取得成功，关键就在于管理好时间。国外，很早就出现了时间管理学。

在美国企业界，让时间发挥最大效能的企业家中，摩根绝对是典型的例子。走进摩根的办公室，就会发现他和别的管理者有明显的不同，摩根的办公室和其他人的办公室是连着的。摩根这样做不是为了能更好地监督员工，而是为了节省时间，因为办公室相通之后，经理们有什么事需要请示，能够很快走到他的办公室，而不是像别的管理者一样让经理们进自己的办公室之前拐几道弯、敲几道门。

摩根与人会面的时候，会直截了当地问对方有什么事情，他一般只说几句。他的经理们全都知道他是什么样的作风，因此，

正向思维：
如何对抗你的不合理常规

向他汇报时，都会简洁地说明问题。他与人的聊天时间一般不超过 5 分钟，即使是总统，也一样。

摩根有着惊人的洞察力，能立即判断对方找他的真实意图，他会很干脆地告诉对方处理的办法以及处理的步骤。之所以这样做，就是为了节省时间。

在犹太人的智慧里，时间就等同于金钱。他们认为，时间和商品一样。盗窃了时间，就等于盗窃了商品，也就是盗窃了金钱。歌德曾说："我们都拥有足够的时间，只是要善加利用。一个人如果不能有效地利用有限的时间，就会成为时间的俘虏，一旦在时间面前成为弱者，他将永远是一个弱者。因为放弃时间的人，同样也会被时间放弃。"对于我们来讲，只有高效地利用自己的时间，才能让自己的工作卓有成效。

所谓恰当的时间管理，就是在最短的时间内，把事情做到最好。

美国的有关部门曾做过一项调查，结果显示：人们基本上 8 分钟左右就会受到外界的一次干扰，每天会受到 50～60 次的干扰，每次大约在 5 分钟，这样，一天受外界干扰的时间就在 4 小时左右。这些打扰中，大多数是没有意义的。如果我们能够每天抽出 1 个小时自学，一周学习 7 个小时，一年学习 365 个小时，在 3～5 年后，你就会成为这个领域的专家。

第四章
时间管理：对抗生活中的拖延症

相信大多数人都有这样的体会：如果每天只完成一件事，大多数时候，这件事情能够完成。哪怕是两件事，也基本可以。若是你今天安排了十几件事做，到最后，发现大多数都无法完成，自己还会很劳累。

看到上面这些数字，你是否很震惊。这就是善于利用时间的人和不善于利用时间的人的差别。善于利用时间的人，从来不会把时间浪费在"需要"做的事情上，而会把所有注意力放在"值得"去做的事情上。

你若是不知道自己的时间是否被无缘无故地浪费掉，让我们来做一个关于时间管理的测试。

下面的每个问题，请你按照自己的实际情况，如实回答。

计分方式为：选择"从不"计0分，选择"有时"计1分，选择"经常"计2分，选择"总是"计3分。

1. 每天开始工作之前，我能为一天的工作做好计划。

2. 凡是能交给下属做的工作，我都交了出去。

3. 我制作并利用工作进度表来对工作任务与目标进行书面规定。

4. 我的日程表通常留有回旋的余地，以便应对可能出现的突发事件。

5. 我尽量一次性地处理完每份文件。

6. 我在工作时尽量回避干扰的电话、不速之客以及临时的约会。

7. 我试着按照自身的生理规律来安排工作。

8. 我每天都列出一个应办事项清单，按重要程度来排序列，依次处理。

9. 当其他人想占用我的时间，而我又必须处理相对来说更重要的事情时，我会直接说"不"。

结论：

0～12分：你没有时间规划这个概念，总是让别人牵着鼻子走。

13～17分：你曾经试图掌握自己的时间，却不能坚持到底。

18～22分：你的时间管理状况基本良好。

23～27分：你是值得别人学习的时间管理典范。

记住：一个效率低下的人与一个效率突出的人，会有10倍以上的差距。要想成功，就必须掌握时间管理的方法。

第五章

学会宽容：狭隘的观念会遮住你的双眼

人都有自私、狭隘的一面，每个人做事时最先想到的都是自己，这无可厚非。然而，只想着自己，人生将会痛苦不堪。别人对你刻薄，你会怀恨在心；别人与你摩擦时，你会愤愤不平；别人与你产生冲突时，你不肯善罢甘休……这样的心态让你的眼睛只看到世界不好的一面，无法发现它好的一面。我们多一分理解和宽容，生活就会多一分珍贵与美好，人生才会越来越幸福。

正向思维：
如何对抗你的不合理常规

放下仇恨，让心灵重获自由

无论别人犯的错误有多严重，哪怕是深深伤害过你，我们也要试着去宽恕别人，学着放下仇恨，这样才能自我救赎。你若是不放下仇恨，一直将它深埋在内心，它就会"茁壮"成长，就会造成不可预想的后果。而解决的唯一方法，就是放下仇恨。放下了，我们的心灵就重获自由，没有了仇恨的包袱，我们便能微笑着面对生活。

婚礼宴席上，许多客人出现身体不适。经调查，原来是有人在饭菜里下毒。警察很快锁定了嫌犯，并将他抓获归案。原来，嫌犯以前和新郎同住在一个村子里，因为盖房的事发生了纠纷，两家人打得不可开交，嫌犯的母亲还因此一病不起。从那之后，两家人便成为不共戴天的仇敌。虽然新郎一家后来搬到了城里居住，可嫌犯却一直在暗地里注意他们的一举一动。直到六年后新郎结婚的当天，他决定实施自己的报复计划。

第五章
学会宽容：狭隘的观念会遮住你的双眼

仇恨是一切罪恶的源头，是邪恶的种子，埋在心中必然会喷射出致命的毒液，在报复别人的同时，也会伤害到我们自己。仇恨会让人变得愤懑、冲动、狭隘和丑陋，会让人错失掉大好时光而活在深不见底的黑暗里。我们需要的是平和安详，充满阳光的生活。

瑞森曾经有一个幸福的家庭。在他10岁那年，一个女人因为吸毒过量导致神志不清，将正走在回家路上的瑞森父母杀害了。这个女人被抓进了监狱，留下了一个刚满1岁的儿子。

后来，瑞森被送进儿童救助站。在很多好心人的帮助下，他大学毕业，并成了一名优秀的医生。

有一次，一个问题少年因为持械斗殴而受重伤，命悬一线。瑞森立刻对他进行了手术。翻看病人资料时，他发现这个少年是杀害自己父母的那个女人的儿子。

真相并没有影响瑞森对少年的救治。当他痊愈以后，瑞森还拿出一部分积蓄资助他，并定期去探望他。

很多人对瑞森的行为表示不解，他却说："在父母出事之后的很长时间里，我的确恨过那个女人，每天睡不着觉，总在想如何去找她报仇。这样的心态让我一直生活在绝望里。有一天我突然意识到，生活里有太多事比恨一个人更值得去做。在很多好心人的帮助下，我才拥有了今天的生活，所以现在的我愿意去帮助

正向思维：
如何对抗你的不合理常规

更多的人，哪怕是'仇人'的儿子。"

仇恨对每一个人来说，都是一个沉重的负担。一个人不肯放弃自己心中的仇恨，不能原谅别人，归根结底还是在仇恨自己，跟自己过不去。仇恨是一杯毒酒，而宽恕则是解毒的良药；仇恨是困住心灵的枷锁，包容则是打开心锁的钥匙；仇恨让我们的生活变得枯竭，友善和微笑滋润我们心田，春风化雨。

1993年，曼德拉与南非政府达成和解协议。可就在协议通过后不久，黑人领袖哈尼被一名白人极端分子刺杀。顿时，全南非的黑人都愤怒了。他们举行大规模游行示威，要求清算白人对黑人所犯下的所有罪行。

在这个紧急时刻，曼德拉四处游走，劝说黑人保持冷静和克制。他说："暗杀哈尼的是白人，但记下凶手车牌号并报警的，也是白人。要说仇恨，你们任何一个人也不会比我更深，但我们应当明白，压迫者和被压迫者一样，必须获得解放。夺走别人自由的人是仇恨的囚徒，他被偏见和短视的铁栏囚禁着。"

与此同时，他还安抚白人，向他们保证不会找他们复仇，不会有压迫，法律也不会被罔顾和颠倒。

在他的努力下，一场危机被化解了。

放下仇恨，才能与他人和睦相处，才能收获他人的尊重和友情，才能赢得他人的支持与帮助。一个人在遭受了极大的伤害之

第五章
学会宽容：狭隘的观念会遮住你的双眼

后，依然能不乱分寸，放下仇恨，以冷静克制的态度去积极地寻求化解矛盾的方式，这样的人必将会有一番了不起的成就。

不计前嫌，人生将多一分从容

电影《中国合伙人》有一段情节让人印象深刻：成东青、孟晓骏、王阳三个好兄弟一起创业，后来因为处世方式和价值观不同，三个人在大吵一架后分道扬镳了。再后来"新梦想"学校惹上了官司，就在成东青孤立无援最危急的时刻，另外两个好兄弟回到了他身边，并愿意和他一起共渡难关。

不计前嫌的故事不仅发生在电影里，生活里同样比比皆是：春秋时期，齐桓公重用曾经暗杀过自己的管仲；功成名就以后的梅兰芳主动照顾曾经把他轰出师门的恩师；一个好心的女孩被摔倒的老人诬陷，真相大白后反而向住院的老人捐了1000多元……

不计前嫌不仅仅是宽恕和谅解，它还意味着冰释前嫌、破镜重圆，甚至是以德报怨。生活中，忘掉一个人的过错其实并不难，难的是以一颗慈悲的心去面对那些伤害过我们的人。

朱莉亚已经年过六旬。她曾经嫁给一名伐木工人。婚后的生

正向思维：
如何对抗你的不合理常规

活并不幸福，丈夫贪杯酗酒以及酒后打人的坏习惯，始终困扰着她，但为了家庭，她都忍了下来。

后来，她丈夫丢了工作。朱莉亚靠做小生意来支撑这个家。生意都是由她打理，丈夫从来不管不问，仍然每天喝得烂醉如泥。有一年圣诞节，丈夫在酒醉后打伤了她的头。这让她彻底绝望了，终于下定决心离婚。

离婚三年后，有一次，她从别人那里得知前夫突然失踪了。原来，他酒后突发脑溢血，晕倒在路上。朱莉亚来到医院，找到神志不清的前夫，并拿出自己的积蓄给他治病，后来还把他接到家中。

前夫患病后，生活不能自理，全靠朱莉亚照顾他的生活起居。虽然付出了很多辛劳，朱莉亚却释然了许多。她说："我和他毕竟曾是夫妻，他虽然做过伤害我的事，可我们毕竟一起走过那么多岁月。他如今遇到了困难，我不能坐视不管，我要是不管，他就彻底完了。"

在她的照顾下，前夫的身体在一天天好转。他对自己曾经犯下的错感到深深的内疚。

面对一个和自己已经毫无瓜葛的男人，朱莉亚完全可以置之不理，特别是这个男人还曾经深深伤害过她。但良心却让她不计前嫌，把那些不愉快的往事暂时搁置一边，全心全意地照顾这个

第五章
学会宽容：狭隘的观念会遮住你的双眼

男人。这不仅体现了朱莉亚大度的胸怀，更体现出人性中的真善美。

我们不要总念念不忘于别人的"不好"，应该更多地想到别人的"好"。这不仅能使我们的生活变得和谐，对我们事业的发展同样非常重要。

尼万斯离开苹果公司已经有十年的时间了。当初他选择离开时，乔布斯和人力资源部部长盖勒对他苦苦挽留。

十年后，尼万斯深深感觉到自己当初离开苹果实在是一个错误，并希望回到公司。但是，他的复职申请被盖勒拒绝了。

不久后，乔布斯在研发一个项目时突然想到，尼万斯的专长恰好适合这个项目，如果有他的参与一定能攻克当前技术上的难关。但盖勒仍然坚持，一个人必须为自己的"背叛"付出代价。

乔布斯劝解道："每位员工都是公司的无价之宝，一旦被竞争对手挖走，损失将不可估量。他重返公司，不仅会让团队增加一位顶尖的人才，还能削弱竞争对手的力量，何乐而不为呢？"

后来，尼万斯终于如愿以偿，回到了苹果公司，而且比以前工作更卖力。从那之后，鼓励离职的老员工重返公司，成为苹果公司一项极具特色的人事制度。正如现任苹果CEO（首席执行

正向思维：
如何对抗你的不合理常规

官）库克说的那样："简单地以道德的眼光去审视员工的跳槽行为，将跳槽者列入黑名单，对员工和公司而言都没什么好处。而宽容他们，给他们返岗的机会，也就是给苹果公司机会。"

不计前嫌并非是没有底线的妥协，而是要我们搁置不愉快的经历，以宽广的胸怀去包容往日的恩怨。不睚眦必报，不落井下石，甚至还要学会以德报怨。

吴承恩在《西游记》中写过一句话："遇方便时行方便，得饶人处且饶人。"不计前嫌是成大事者的心态，那么，我们如何做到宽恕和原谅呢？

人的心灵遭受创伤之后，自然对伤害他的人产生怨恨情绪。一位离婚女人咒骂抛弃她的前夫生活处处倒霉；一位男子希望出卖他的朋友被解雇……怨恨就像一个不断长大的肿瘤，它使我们忘却欢笑，生活在痛苦中。

我们应该把这一切不快都扔到身后，不再让它们继续伤害自己。

原谅他人并非是一种软弱的表现，恰恰相反，这是坚强的象征。俗话说，冤冤相报何时了，这种报复的行为不仅抚平不了内心的伤，更容易使双方都陷入痛苦之中。只有学会原谅别人，不用他人的错误惩罚自己，才能让事情过去，迎接美好的新生活。

第五章
学会宽容：狭隘的观念会遮住你的双眼

一个人的强大，体现在宽容与谦让

宽容和谦让是内心强大的一个标志，也是一个人强大的体现。声色内荏与内心强大是两个不同的概念，一种是外在的表现，而另一种是内在的辐射，是一种不言而喻的气场。宽容和谦让会改变他人，影响他人，感化他人。

内心强大的人懂得，与人相处最重要的是宽容。懂得宽容和谦让更容易解决争端，让人与人之间更和谐。不懂得宽容和谦让的人，往往在人与人相处时拒人于千里之外，容易让自己变得孤立和被动。

懂得宽容和谦让的人更受人欢迎。

已经76岁的苏珊，万万没有想到，自己独自生活40年后，还能享天伦之乐。苏珊不到30岁，丈夫就去世了。好在他们有个儿子约翰，苏珊不会感到太过孤单。

但是，不幸并没有终止，由于意外，约翰17岁那年被一群坏孩子砍伤，最终抢救无效而亡。这种丧子之痛令苏珊无法承受，她几乎连眼泪都哭干了。每当她在街头看到那些不学无术的小混混儿时，她就想把他们统统杀掉。

正向思维：
如何对抗你的不合理常规

就这样，苏珊痛苦地生活了几年，后来，在一次"拯救灵魂"的公益活动中，她碰到了一位年迈的牧师。当他听说了苏珊的遭遇之后，便对她说道："你的痛苦我可以理解，你知道吗？怨恨不能改变任何事情。其实，这些混社会的孩子也非常不容易，因为没有父母的关爱，这些孩子才误入歧途。而社会也总是用异样的眼光去看待他们，所以他们多数人都不懂得什么是爱，从而更没有办法去爱别人。或许，我们都应该试着去爱他们。"

仍被丧子之痛包围着的苏珊，愤愤地向牧师反问道："爱他们？可能吗？他们夺走了我的约翰！"

"那已经是一个过去很久的意外了，放下怨恨吧！你应该试着走出来。假如你愿意用一颗宽容的心去原谅他们，他们都会成为你的约翰！"牧师开导道。

后来，经过老牧师的一再劝解，苏珊加入了"拯救灵魂"这个组织。她每个月抽出两天时间去一家少年犯罪中心，试着接近这些曾经犯过错误的孩子。

刚开始，苏珊还是走不出丧子的阴影，可随着时间的推移，她渐渐改变了看法。她发现，这些所谓的"混混儿"并没有那么坏，他们也渴望关爱，也渴望别人的关心。

后来，苏珊像组织里的其他成员一样，认领了其中的两个孩子，她经常带着食物去看望他们，并且和他们交流。两个孩子刑

第五章
学会宽容：狭隘的观念会遮住你的双眼

满出狱之后，她又认领了新的孩子……直到现在，她已经先后认领了30个孩子。在苏珊精心的照顾和呵护下，他们都把苏珊当成了自己的母亲。即使刑满出狱后，他们也没停止和苏珊联系。他们就像苏珊的亲生子女一样，经常去看望苏珊，陪她聊天、看电视，帮她做家务，给她礼物……现在，苏珊早就走出了悲伤的阴影，她总是欣慰地说："我从没有像现在这样幸福。"

宽容说起来挺容易，要付诸实践就没那么简单了。

有一个年轻人和他一个好朋友合伙开了一家公司，在创业阶段，他的那个朋友竟然背着他挪用公司的周转资金。

缺乏资金周转，公司被迫停业，在停业期间他们的损失很大。尽管后来，他的那个朋友为此感到非常懊悔，多次恳求他，希望能得到他的宽恕。

但是，他已经对这个朋友失去了信任，并且十分憎恨此人。为了还债，他变卖了自己的房子，而自己也只能去租房了。

每当他和朋友聚会时，他都会大骂那个朋友一番。有时候喝醉了，他甚至产生过想杀掉那个朋友的念头。

他每天都很痛苦。他经常在夜里做噩梦，梦见他把那个朋友推下一个万丈深渊。惊醒后，他一身冷汗。他一直被郁闷和失眠困扰着，始终都没能从这个阴影中走出来。

宽容的人内心必然强大。他们懂得在与人相处时为他人着

正向思维：
如何对抗你的不合理常规

想，懂得站在别人的角度思考问题。懂得谦让的人，不会为一己私利斤斤计较。在面对利益纷争时，他们会首先选择谦让，而不是去夺取。

人活着，需要有一个豁达的心态

印度诗人泰戈尔说："如果你因为错过太阳而流泪，那么你也要错过群星了。"在人生征途上，由于各种原因，我们总是要面对一些不幸。终日为这些遭遇而悔恨惋惜，甚至沉溺其中不可自拔，是生活幸福的最大障碍。因为你沉溺于其中，你会错过更多。

一些高情商的人，他们也会遇到打击，但他们明白，打翻的牛奶很快会淌光，无论你如何悲伤、后悔、哀叹和伤感，都于事无补。既然这样，我们不如学会向前看，让发生的一切成为过去式，我们应该学着用坦然的心态去面对人生的变故。

高情商的人知道，为了已经失去的东西而放弃现有的快乐是不值得的。牛奶已经打翻了，再怎么懊恼和后悔也于事无补了，过去的事情就让它过去吧，当下的快乐才最重要。

格林夫妇一家在意大利旅游时，遭遇劫匪。不幸的是，他们

第五章
学会宽容：狭隘的观念会遮住你的双眼

最疼爱的年仅7岁的小儿子尼古拉在这场劫难中中弹身亡了。这对于格林夫妇来说无疑是一个巨大的打击，他们如同做了一场噩梦。

可是，在医生确定尼古拉的大脑已经死亡后，父亲格林经过考虑做出了一个惊人的决定，他要捐献儿子的器官。于是，大约4个小时后，尼古拉的心脏便重新在另一个14岁的男孩的身体里开始跳动，这个男孩有先天性心脏病，是尼古拉的心脏使他得以痊愈；尼古拉的肾则使两个肾功能先天不全的孩子有了活下去的希望；尼古拉的肝使一个19岁的年轻少女脱离了生命危险；而他的眼角膜，则使两个意大利人看到了他们生命中的第一缕阳光。

这件事情轰动了整个意大利，媒体也对格林夫妇进行了采访，当被问及他们做出这个惊人决定的原因时，格林先生说："我们并不恨这个国家，也不会憎恨意大利人，我的儿子再也回不来了，我希望那个杀害我儿子的人能够真心忏悔和反思，他在这样美好的一个国家里，犯下了怎样的罪孽！"

格林夫妇脸上掩饰不住的痛苦和悲伤令人们为之同情，但是在同情之余人们更加深深地敬佩。

假如你处在格林夫妇的境地，你会做出怎样的选择呢？是否能够做到像格林夫妇那样坦然接受？还是在沉重的打击之下萎靡

正向思维：
如何对抗你的不合理常规

不振，难以接受儿子离去的现实，从此沉浸在无尽的悲伤和憎恨之中难以自拔？

格林夫妇只不过是普通公民，然而一场横祸，让很多人看到了人性光辉的那一面。这种光辉虽然是在巨大痛苦之下绽放的，但是也因着痛苦使这微弱的光辉更加耀眼。这是一种神奇的力量，每一个人身上都具备这种力量，它可以点亮生命之光，闪烁出人性中的耀眼光芒。

波尔赫特是一位在世界戏剧舞台上活跃了50年之久的著名话剧演员，她曾经辉煌地塑造了各种经典的舞台形象。

都说福无双至，祸不单行，她71岁时意外破产，就在她为此心力交瘁时，生理上的打击也接踵而来。一次，她在乘船的时候，不小心滑倒在了甲板上，腿部因此受到了非常严重的创伤。医生虽然已经尽力施救，由于伤势严重，需要为她截肢才能保住她的生命。医生十分为难，担心把事实告诉波尔赫特后她会承受不了这巨大打击。

结果，医生的担心完全没有必要。当波尔赫特从他口中得知这个消息时，并没有像预想的那样表现出极大的悲伤，她只是淡淡地说了一句："既然医生都没有更好的办法了，那就这么办吧。"

此后，波尔赫特并无大的情绪起伏，即使在手术当天，她还

第五章
学会宽容：狭隘的观念会遮住你的双眼

在轮椅上朗诵戏里的台词，后来有人问她是不是这样可以安慰自己。她却说："我早已接受了事实，还要安慰做什么呢？只不过为我手术忙碌的医生和护士都太辛苦了，我这样可以给他们一些安慰。"

手术以后，她疗养了一段时间便又开始到世界各地演出了，她在舞台上的生涯在此后又持续了7年之久。

我们应该学习这种豁达的心态，坦然地面对现实，坦然接受一切，面对已经失去的东西，我们所要做的并不是沉溺于其中不能自拔，永远活在痛苦的回忆中，而是振作起来，迎接新的生活，获取新的希望。努力去争取，永远比痛苦懊恼而有效。塞翁失马焉知非福。生活还要继续，不管昨天你的经历是痛苦还是精彩，明天又会有不一样的际遇，心若一直停留在过去，人生便永远会停滞不前。

当牛奶打翻之后，你不该哭泣，应该接受这个现实，然后再倒一杯牛奶。失去的就是失去了，时光不会倒流，前一秒发生的已经发生了，若你为这一秒的失去而浪费数十年光阴，实在是太不值得了。只有接受事实，丢掉那些痛苦和苦恼，才能更好地去迎接新的朝阳。

正向思维：
如何对抗你的不合理常规

办公室不是争吵的场所

每个人的价值观都不相同，尤其是在工作中，有时因为一点小事就有可能发生不必要的冲突。

办公室是工作场所，如果你在此大吵大闹，有损自己的形象，也违背了职员的基本礼仪。对一个职场新人来说，发生冲突后尽快去化解非常重要，否则可能会生出事端。

早上一上班，小椿就冲到老杜面前，把手里的礼盒往他办公桌上一扔，质问说："你什么意思啊，诚心的吧！"

上周，小椿和老杜因为工作的事闹了点别扭，前两天朋友送给老杜一套名牌床上用品，他听说昨天是小椿婆婆的生日，想着同事嘛，低头不见抬头见，还是和气点儿好，就借花献佛。

小椿特别高兴，还在老杜面前自我检讨了一番，俩人冰释前嫌。可没想到，这才过了一个晚上，小椿就翻脸了。她打开包装，礼盒里面有一张附加纸，上面赫然写着四个大字：赠品勿卖！

"这几个字你不会不认识吧？昨天我把它送给婆婆当生日礼物，结果在全家人面前丢尽了脸，现在你高兴了吧！"小椿生气

第五章
学会宽容：狭隘的观念会遮住你的双眼

地说。

"这，这我也没想到啊。再说了，这可是名牌，很贵啊，这赠品——赠品说明它不是假货啊。"老杜有些尴尬，他之前没打开包装，没想到会发生这种事。小椿更生气了，她翻出旧账，说老杜欺负她，对上周的事耿耿于怀，结果两人你一言我一语吵起来了。同事劝都劝不住，最后还惊动了李总监。

李总监了解了事情的经过后，说："就这么点小事，你们犯得着吵架吗？"老杜率先表态，说以后不会了，不会影响内部团结。可小椿余怒未消，阴阳怪气地讽刺老杜："你不给我使绊子，我就谢天谢地了。"

李总监当即板起脸来，严肃地说："这是公司，不是演电视剧！小椿，你这是什么态度，以后要向老杜学习！"等小椿平静下来，才发觉自己失言了。

在职场中，难免会与同事发生摩擦，切记要理性处理问题，不要争个你死我活。

与同事产生矛盾时，应该心平气和地好好商量，不要争吵。要知道，任何事情，每个人都有自己的想法。

假如你能做到善解人意，凡事都站在对方的立场上去考虑，很多冲突其实完全可以避免。

天际公司新开发了一种产品，关于产品销售倾向于都市还是

正向思维：
如何对抗你的不合理常规

乡村，大家在会议上产生了很大的分歧。

看到大家争论不休，公司经理宣布暂时休会。

再次开会时，本来主张倾向于乡村销售的主管说："我从小生活在都市里，对乡村不太了解，但我觉得在乡村生活的人应该会喜欢这款产品，不知道大家对此怎么看？如果大家觉得我的想法是错误的，我也很乐意改正。"

没想到，主管说完后，大家从争论变成了讨论，会议气氛好多了。

后来经过长时间的讨论，大家都欣然赞成倾向于乡村销售。

在职场中，肯定会有分歧。如果你不那么固执己见，就事论事，就会发现，虽然你无法完全认同对方的意见，对方说的也有道理——也许把两人的意见综合一下，结果会更好，而且这也能体现出整个团队的智慧。

在职场中，怎样做才能化解冲突呢？不妨把握好以下几个方面：

1. 要学会以大局为重

同事都是因为工作关系而走到一起的，要懂得以大局为重，形成利益共同体。大家一定要具备团队意识，相互帮助，而不是拆台，切记不可因为自己的小利而损害集体的大利。如果我们都以大局为重，就能大事化小，小事化无。

2. 有异议时要求大同存小异

同事之间由于立场等差异，对同一个问题难免会产生不同的看法。与同事有分歧时，我们既不能过分地与之争论，也不可一味地"以和为贵"，应争取求大同存小异。另外，我们还要学会冷静地处理问题，这样才能淡化矛盾。

3. 学会宽容、忍让与道歉

同事之间发生了矛盾，不要认为先说对不起就丢面子，别等同事来找你，要积极主动地去道歉。两个人继续争吵下去，就会失去同事之谊；如果重归于好，那会相安无事。不要等待别人来解决问题，你要自己负起责任。

产生冲突的时候，我们不妨找机会主动沟通，表示一下自己的态度。你觉得工作时间不方便，可以约个时间一起吃顿饭，在轻松的状态下交换一下彼此的看法。不一定要分出谁对谁错，关键是要把事情说开，不要因此留下心结。

领导要有容人之量

管理者，并不是要和下属比能耐，你需要做好的是管理、是善于用人、是怎样能让比自己强的人为己所用，这才是一个优秀

正向思维：
如何对抗你的不合理常规

的高情商管理者应该具备的才能。

很多企业管理者与员工之间关系紧张，很难合作好，不是因为员工不合格，而是因为员工太过优秀。在现在的很多企业中，许多企业管理者在面对一些比自己优秀的员工的时候，总是一副争强好胜的样子，处处显示出高人一等的样子。

事实上，一个员工引起企业管理者的嫉妒心，说明这个员工非常优秀。学会与比自己更优秀的人相处，这是每一个企业管理者应该具备的能力。企业管理者如果因为员工比自己优秀就产生强烈的嫉妒心，带给企业的损害就不仅是破坏企业良好的工作氛围了，还可能产生更严重的后果。

说起这方面的案例，福特汽车公司的事长亨利·福特恐怕是最典型的了。众所周知，他一手导演了著名的"艾柯卡事件"……

1978年7月13日，"野马之父，汽车之父"艾柯卡像往常一样来到迪尔本的福特公司总部上班，当他走进办公室时，迎接他的却是一封辞退信。艾柯卡在福特公司工作了32年，从一个小职员一步一步做起，凭借着过人的才华和优秀的管理能力，当上了福特汽车公司的总裁，而且在总裁位子上一坐就是8年。艾柯卡怎么都没想到自己会以这样的方式，离开自己为之努力奋斗了一辈子的福特汽车公司。事实上，艾柯卡离开福特公司的原因

第五章
学会宽容：狭隘的观念会遮住你的双眼

并不是他的管理出现了什么大的问题，而是他的管理工作做得太好了，这让福特感到非常不快。

20世纪60年代，艾柯卡就和公司的工程师们一起夜以继日地设计新车，最终成功推出了年轻人非常喜欢的"野马汽车"。在推出"野马汽车"之后，艾柯卡又成功推出了"侯爵""美洲豹"和"马克3型"等高级轿车系列，让濒临破产的福特汽车公司起死回生，而且还登上了全美第二大汽车司的宝座，仅次于通用汽车公司。当时，福特对艾克尔嫉妒到了极点，凡是和艾柯卡关系比较好的员工，不管是高级管理者还是中级管理者，都一律开除。一个一直对艾柯卡比较崇拜的普通员工，在艾柯卡离开之后给其邮寄了一束鲜花，结果这件事情传到福特那里，福特立刻辞退了这个他连长什么样子都不知道的普通员工。这就是著名的"艾柯卡事件"。

被福特辞退之时，艾柯卡已经54岁了——这是一个非常尴尬的年龄，创业的话年龄有点大，退休的话又感觉自己还能再工作几年，所以艾柯卡非常迷茫和痛苦。就在这时，濒临倒闭的克莱斯勒公司聘请艾柯卡为总裁。于是，艾柯卡再一次回到了自己喜欢的汽车行业。

令福特做梦都没有想到的是，已经被自己击败的克莱斯勒公司竟然聘请了自己非常嫉妒的艾柯卡，更令他想不到的是——艾柯卡率领的克莱斯勒公司很快就成了福特公司最强有力的竞争对手，并占据了很大的市场份额。可以说，这一切都是因为福特的嫉妒惹出的祸。

企业管理者的嫉妒可能会让优秀的人才流失，而这些优秀人有可能成为其十分主要的竞争对手。企业管理者保持一颗平常心，尽量减少自己的嫉妒心。

人才是企业的重要资源，是成功的保障，领导者要善用比自己更优秀的人，让企业的发展进入一个长久健康的良性循环。

对于管理者来说，妒贤嫉能无异于自掘坟墓，古人说："师不必贤于弟子，弟子不必不如师。闻道有先后，术业有专攻。"这同样适用于管理者和员工，对那些强于自己的员工，管理者更要予以重用，使其各尽其才、各尽其能，让他们安心为企业奋斗，用他们的才华铸就事业的辉煌。

幸福的婚姻，永远少不了宽容

著名作家列夫·托尔斯泰说："幸福的家庭都是相似的，不幸的家庭各有各的不幸。"幸福就是即使两人对坐无语，也不会觉得无聊；幸福就是彼此打电话，无须过多的语言，只为听到对

第五章
学会宽容：狭隘的观念会遮住你的双眼

方的声音。幸福很简单，也很复杂，有人认为，锦衣玉食不是幸福，有人则认为粗茶淡饭依然可以快乐每一天。

幸福的家庭是由幸福的人组成的，只有幸福的人才能说出幸福甜蜜的话语。幸福的话语传递的是一种爱，让我们身边的朋友感受到我们的爱，这样，我们才能让身边的人也融入我们的幸福中，有了这样的支撑，我们才能做好人生中的其他事情。

1918年，17岁的梁思成认识了14岁的林徽因，他们的父亲是朋友，早早就定下了孩子们的亲事，1928年两人步入了婚姻的殿堂。

林徽因是当时著名的才女，身边不乏大批的追求者。梁思成赴美留学之前，林徽因和徐志摩的交往就非常亲密，梁思成却泰然处之，没有让自己心中的妒火麻痹掉自己的理智。

1931年，徐志摩在坠机中丧生，梁思成主动赶往现场，料理他的后事，体现出了一个男人的大度与宽容。

1932年，梁思成和林徽因搬到了北总布胡同，金岳霖是他们家的邻居。有一天，林徽因告诉梁思成，她爱梁思成的同时爱上了金岳霖。梁思成想了一晚上，觉得自己缺少金岳霖那样哲学家头脑，自己不如金岳霖。

第二天早上，梁思成对林徽因说："你是自由的。我既然爱你，就要给你足够的自由，如果你爱我，就算离开了，也会再回

正向思维：
如何对抗你的不合理常规

来；如果你不爱我，就算我强求，也是没有用的。"

林徽因找到了金岳霖，把梁思成的话转告给了他，金岳霖说："梁思成能说出这样的话，证明他是真心爱你的，他不希望你受到任何委屈，所以，他才会给你自由，我不想伤害一个真心爱你的男人，我退出！"

最后，三个人成了好朋友，梁思成从来没有因为忌妒而失去包容之心，他对林徽因的爱不仅伟大，而且深沉。金岳霖自此之后终生未娶，他80多岁去世后，为他送终的是梁思成和林徽因的儿子。

梁思成对林徽因的宽容，就是对爱情的宽容，如果那时他过于强求，只会让握在手中的爱情从指尖溜走。夫妻双方需要的是理解，是相互体谅。恋爱的热情，恋爱的温度是极其短暂的，我们太过于追求，只会适得其反。

幸福的话语是心底幸福感的释放，我们没有察觉到幸福，就很难从口中把幸福的感觉表达出来。人生是一段漫长的旅程，我们需要在这段旅程中不断行走，但行走中我们不要忘了生活中的情感，不要忘了路边的风景。想要用幸福的话语感染别人，就应该先让幸福住进我们心里，只有如此，我们才能说出触动心灵的幸福话语。

有一对老爷爷和老奶奶，因为包办婚姻走到了一起，而且一

第五章
学会宽容：狭隘的观念会遮住你的双眼

走就是一辈子。

老奶奶和老爷爷是一个村的，老爷爷家里条件不好，肤色较黑，到了30岁还没结婚。

那时候，老奶奶的父亲生病了，老爷爷就东奔西跑，为她家忙里忙外，老人被他勤劳质朴的心打动了，觉得把女儿嫁给他一定能得到幸福。

老爷爷不仅长得黑，年龄又比她大得多，她不同意这门亲事，每天自怨自艾，哭够了才去睡觉。老奶奶顶不住家里父母的压力，只得同意了这门亲事。

本来两个人的矛盾一直没有缓解，老爷爷生性软弱，老奶奶性子刚强，操持家中的大小事情。

不可调和的矛盾也会峰回路转，随着孩子们的出生，两人的感情渐渐好了起来。老奶奶逢人就夸赞老爷爷说："我家老头子，人聪明，又能干，有了孩子之后，他的父爱全都展现了出来，我真的非常高兴！"

老爷爷见老太太每天喜上眉梢，自己也是非常高兴："这家里，里里外外都是老太太打理的，别提有多好了！"

自此之后，老太太不住地夸赞老爷爷聪明勤劳，夸赞的时候，还流露出崇拜的目光；而老爷爷说起老奶奶，也是非常高兴，说老奶奶是家里的顶梁柱，每件事都要问过她才肯放心，嘴

正向思维：
如何对抗你的不合理常规

角不时洋溢起幸福的微笑。

老爷爷和老奶奶的婚姻是幸福的，他们爱情观的转变是从互相欣赏开始的，没有欣赏的爱情是不会幸福的。我们不应该吝啬对他人的赞美之词，有时候，一句简单的赞美，就会让对方心里有了幸福的滋味。能够在茫茫人海相遇相知是一种缘分，能够携手走进婚姻的殿堂更是一种幸福，既然牵了彼此的手，就要一起肩并肩走完这一生。

网络上曾流传一个幸福的顺口溜："幸福就是猫吃鱼，狗吃肉，奥特曼专打小怪兽。"其实，幸福没有想象的那么复杂，幸福是一种情感，由内而外散发，可以让我们受用终生。婚姻中，应该如何获得幸福呢？

1. 遇事多沟通，不独断专行

一个完整的家并非由一个人组成，还有伴侣、孩子。每个人都是这个家重要的一员。遇到任何事，都不要有太强的主观意识，或是独断专行。应该与家人多商量，这样才不会产生矛盾，家庭才会幸福美满。

2. 幸福需要相互体谅和宽容

谁都有脾气，谁都有不愿回忆的过去。世界上没有完美的人，更何况是伴侣。想建造一个幸福的家庭，就需要相互体谅和宽容。像我们上述的案例所说，若是没有梁思成对林徽因的宽容，又如何有后世称道的郎才女貌的幸福佳话。

3. 相互称赞，发掘对方身上的闪光点

赞美是这个世界上最美妙的语言，在婚姻当中，赞美更是家庭幸福的黏合剂。千万不要对伴侣吝啬你的赞美。对方有一分好，你就要夸出三分来，这样就会收获对方更多更浓的爱意。

第六章

沟通之道：如何对抗不会说话的毛病

很多年轻人心直口快，有什么说什么，有的更是以怼人为乐。在社会上，如果你口无遮拦，想说什么就说什么，只能让你处于被朋友不待见、同事不喜欢的尴尬境地。与人交往时，你一定要牢牢把握好说话的度——只有这样，才能实现沟通的成功。

正向思维：
如何对抗你的不合理常规

你的语言为何总让人难以接受

话不在动听，顺耳就好。顺耳的话，他人更容易接受；难听的话，只会让对方产生抵触心理。同一个意思，有的人说别人就乐意听，有的人说则会引起别人的反感。这就是表达方式不同的结果。

会说话是一种技巧，你掌握了，即使说不好听的话别人也能听出善意。若是不讲究方法，纵然是赞扬，对方也不会领情。

小贤是个特别不会说话的人，有一回偶遇老同学，两个人聊了聊，聊到薪资问题时，出于好奇他问对方月薪是多少。老同学说，加上提成、补助、奖金，平均月薪×××元。小贤一脸夸张地说："天啊，要是按上海的房价，你上两个月班才买得起一块地砖嘛！"

老同学当场就黑脸了。

还有一次，他听说市场部的同事飘飘会弹钢琴、会书法。在

第六章
沟通之道：如何对抗不会说话的毛病

餐厅碰见时，小贤主动打招呼说："飘飘，听同事说你很有才，会的东西很多。"

飘飘笑着说："也没有啦。"

小贤继续说："是啊，你会那么多东西对工作也没帮助，又换不来钱，还不如不学呢。"

飘飘的笑容僵在脸上，从那以后，她碰见小贤也装作没看见。

小贤之所以不受欢迎，就是因为他总是出口伤人。很多时候，他以为自己很幽默。就像之前他和老同学聊天，原本他想说上海的房价高，可话一出口就变了味，还得罪了人。

没人喜欢听不合时宜尤其是批评的话，说得不好肯定会得罪人，哪怕你出发点是好的。我们经常说"刀子嘴，豆腐心"，不了解你的人不知道——如果不懂说话的技巧，你的"刀子嘴"只会伤人伤己。

说话要照顾别人的感受，要尽量用委婉的方式去说，把话说到对方的心里去，这样才能达到想要的效果。心理学家说，并不是所有的人都能听进去逆耳忠言——明明是好话，但表达方式不对，对方就不会领情。我们完全可以将忠言说得顺耳一些。

一个人意识不到说话方式的重要性，很难在交际上取得成

正向思维：
如何对抗你的不合理常规

功。相反，凡是在交际中如鱼得水的人，都是会说话的人——他们无论说什么，别人都爱听。

说话体现了一个人的整体水平，在任何场所我们都要重视表达的技巧和作用。那怎么做到把话说好、说巧呢？

1. 控制自己的情绪

跟人说话时要控制自己的情绪，不要因为自己心情不好就冲人发泄。你在气头上时，最好保持沉默——等情绪平复了，再用温和的态度跟别人交流。好态度也是表达的一种方式。

2. 说话时要多用肯定语气

要明白说话是一种沟通方式，不是攻击别人的手段。有些人开口就是"你不对""你不懂""你不要"，对方一听肯定会不高兴。说话带攻击性是最差劲的沟通方式，你完全可以用温和的方式让对方明白你的心意，没必要说伤人的话。

3. 要用好幽默

跟人说话时，遇到不好说的话题，可以幽默地表达自己的意思。有些话如果我们说得很严肃，别人心里难免会不悦，此时幽默一下，可以缓和气氛，还可以让你的表达更深入人心。

有个人去小酒馆喝酒，喝了一口就吐了。他一拍桌子，破口大骂："酸死了，这是什么酒啊？你们这里简直就是黑店。"

老板也不是省油的灯，哪里受得了这气，立刻找来伙计，把

第六章
沟通之道：如何对抗不会说话的毛病

这个人打了一顿。

客人躺在地上哇哇叫。这时，店里来了一位年轻小伙子，他问："这是怎么回事啊？你们在表演格斗吗？"

老板一听，怒气消了一些。

小伙子了解情况后，自己也尝了一口酒，然后皱着眉头说："哎呀，老板，你把我也打一顿吧。"

老板愣了一下，继而明白了小伙子的意思，不好意思地笑了笑。老板立刻让人换了新酒。

两位客人都说酒难喝，一位因为不会说话挨了打，另一位则幽默地点醒了老板。可见，幽默是进行温和交谈的法宝。

说话前要三思。有些人说话不过大脑，在交际中很容易触碰到别人的"雷区"，引起对方的反感——"祸从口出"说的就是这种口无遮拦的人。

每个人都有忌讳的事情，我们在说话时要尽量避免。非要说，则应该通过暗示性的话含蓄地表达出来。

我们要谨言慎行，说话的方式有多种，面对不同的人、不同的场所，我们要灵活运用。只有说话时讲究方法，才能和谐地处理好社交中的人际关系。

正向思维：
如何对抗你的不合理常规

无休止争辩，就是无理取闹

社交过程中，你想建立良好的人际关系，就要时刻注意自己说话的语气。跟对方交流时，你不要总是在一些小事上争论不休。

每个人的生活背景不同，生活经历不同，思想也就不一样。每个人都有自己的观点，我们不可能让大家都跟自己想的一样，应该抱着宽容的心去接受更多不同的意见。

有些人比较低调，不喜欢与人争执，即便大家的思想不一样，他们也可以做到尊重对方。有些人比较高调，爱认死理，总想跟对方一争高下——事实上，这种争执毫无意义。

你跟朋友为一个并非涉及原则性的问题一争高下，自己最终能得到什么？不过是朋友之间伤了和气罢了。也许你是为了逞一时口舌之快，但你要问问自己，是逞口舌之快重要，还是朋友重要呢？要是因此而失去了朋友，那绝对是不划算的。

王平上大学时学习成绩一直名列前茅，还是学生会干部，因此，他一直觉得自己很优秀，慢慢地就变得骄傲自满起来。自从毕业出了校门，这种情况就改变了。

第六章
沟通之道：如何对抗不会说话的毛病

现在，王平只是一家公司的普通员工，在学校里的那种光环不见了。但他依然心高气傲，不肯虚心接受别人的建议或意见，总觉得自己有道理。作为职场新人，他吃了不少苦头。

一次，王平同办公室的一位老员工因为一个程序处理问题吵了起来，他觉得自己编写的程序是对的，而那位老员工认为此程序稍微烦琐了一些——其实有更简易的写法，因为程序写得越烦琐，以后出故障的可能性就越大。

王平觉得那位老员工是故意刁难他，因为他写的程序本来没有错，就算是写得复杂了点，同样可以达到效果，干吗非要拿这件事让他当众出丑呢？

王平据理力争，想让自己的成果得以应用。当他和老员工争吵之后，总经理让专业人员进行测试，测试后认为他写的程序需要修改，因为这关系到整个公司的利益。其实，他心里也明白，程序修改一下会更好，不过是为了面子才不管不顾的。

自此以后，总经理对王平就有了偏见，办公室里的其他人跟他也都疏远了。王平不仅没有争辩过那位老员工，还赔上了自己技术不过硬的坏形象，这就叫"一步走错，满盘皆输"。

于是，王平开始反思自己：尽管自己上大学时是风云人物，与现在相比，就像一个刚学会走路的婴儿。他开始明白，在职场中想要获得好人缘，要时刻保持谦虚谨慎的态度，不要老想着一

正向思维：
如何对抗你的不合理常规

争高下。

　　他知道自己应该怎么做了。在一次午休时，他当着大家的面给那位老员工道了歉，并邀请大家一起去吃自助餐，算是为那天的事赔罪。在他的邀请下，大家都欣然接受了他的好意。

　　后来，王平跟大家的关系也渐渐好了起来。

　　从王平的故事里我们可以看出，遇到什么事情都不要急着与人争辩，要先考虑一下是否是自己的原因。真是自己错了，就应该听取别人的建议——无休止地争辩下去，那就是无理取闹了。

　　事实上，即便你真理在握，与人争辩时也该语气平和，趾高气扬只会伤人伤己。若是迫不得已，你也要选择合适的时机，采取合适的方式来向对方阐述自己的理由。

　　总之，争辩不会为你带来朋友——相反，你可能会因此失去更多。

会说话的人，批评的语言同样动听

　　很多时候我们希望身旁能有一位像良师益友一样的亲密朋友，每当自己做事情出现偏差时，对方能够及时地给予自己批

第六章
沟通之道：如何对抗不会说话的毛病

评、指正，免得自己在错误的道路上越走越远。当真的有这样的亲密朋友站出来指正我们错误的时候，我们却感到反感。为什么我们渴望别人给自己提意见，当别人给我们指出来时，我们又不爱听呢？

究其原因，是这些批评指正的方式使我们心生反感而无法接受。明白了这一个道理，我们今后就要注意，在批评别人的时候，自己所用的方式要让人乐于接受。善于批评的批评者，即使批评他人，也能做到批评"不逆耳"，把逆耳的话顺着说。

我们常说，良药苦口利于病，忠言逆耳利于行。我们要知道，现在的药外面都裹上糖衣，这就使得良药不再苦口，既然良药不苦，为什么忠言非要逆耳呢？

我们要先顺着对方的思路说，等到对方习惯我们的说话方式之后，我们再说出自己的意图，只有这样，我们才能说服对方。

五代时期，后唐的开国皇帝是庄宗，名叫李存勖，武力推翻后梁政权后，建立了后唐。天下太平了，这位好战的皇帝感到英雄无用武之地，非常无聊，非常寂寞。

后来，百无聊赖的李存勖找到了一个打发时间的办法，那就是打猎。打猎虽然没有打仗的那种沙场风气，但是骑马弯弓射箭，以及马匹纵跃后扬起的尘土，让他有了一种沙场征战的

正向思维：
如何对抗你的不合理常规

感觉。

一次，李存勖的兴致来了，骑马打猎，不知不觉就到了中牟县。他纵马驰骋，马匹践踏了百姓的很多庄稼，但是李存勖根本不在乎。中牟县的百姓们倒了大霉，却都敢怒不敢言，只好找到县令。

中牟县县令为民请命，拦住了李存勖的马，想要劝阻。没想到，县令刚一开口，就被李存勖下令斩首示众。随行大臣都战战兢兢，没有一个人敢再来劝阻。

随后，有一个叫敬新磨的伶人，立即率人追回县令，将其押到李存勖面前，假装愤怒地指责县令道："你身为一个小小的县官，难道不知道我们的天子喜欢打猎吗？为什么要让老百姓种庄稼来缴纳赋税呢？为什么不让老百姓空着田地饿肚子呢？为什么不让这些土地空着让天子打猎取乐呢？你真是罪不可赦啊！"

说完之后，敬新磨大声请李存勖对中牟县令行刑，其他伶人也随声附和。李存勖明白了敬新磨的用意，也意识到了自己的过错。于是，哈哈一笑便纵马回宫了，并免了中牟县令的罪责，让他回去了。

金无足赤，人无完人，人生在世，孰能无过？若有过失，即需旁人指点评说。纵使有自知之明，也难免敝帚自珍。当局者迷，旁观者清。每一个人都需要善意的批评来鞭策自己。被批评

第六章
沟通之道：如何对抗不会说话的毛病

者希望得到别人的指正，同时又害怕失去尊严，那么，在批评别人之前就该先设身处地地替别人想想。

换位思考，找对劝谏的方式，用最适度的语言去感化对方，这样，别人才会认可我们的劝谏，我们才能让自己的话语打动对方。

一天，李毅陪着女朋友王晓蕾一起逛街。天气很热，没走一会儿，李毅就已浑身是汗，一个劲儿地在一旁抱怨。

走到一家冷饮店门前，李毅实在走不动了，说："咱们休息一会儿好吗？天气这么热。"

王晓蕾说："才走了一个小时，你就喊累啊！"

李毅说："你们女人是天生的走路狂，我们哪能和你们比！"

不知道为什么，王晓蕾听完此话，突然变得异常暴躁，把东西往地上一扔，说："哼，不想和我走，那你一个人走吧！谁稀罕和你逛！"

李毅摸不着头脑，迷惑地说："你这是干什么？"

王晓蕾好像没有听见，依旧一个人站在一旁生闷气。这下，李毅不知道该怎么办才好了。他发现路边有人看他俩，更是羞得一脸红，于是有些凶巴巴地说："别闹了，人家都看着呢，多丢人！"

李毅原以为，这句话会让王晓蕾平静下来。谁知她扭过头，

正向思维：
如何对抗你的不合理常规

说："你什么意思？你的意思是说，我在这里很丢你的人？"

李毅一愣，一时间无言以对。王晓蕾更生气了，说："你怎么不说话，你是不是就是这么想的！你难道没看见我刚才不高兴吗？为什么你不会安慰我一句，反而说出那种话！"

"够了！"李毅终于忍无可忍，大声喊道，"我就是觉得你丢人，你丢人！"

顿时，王晓蕾的眼泪流了下来。她说："我记住你这句话了！"说完，扭头就跑了。李毅颓然地坐在地上，他不知道刚才怎么了，说出那种话。他不停地喃喃自语道："怎么变成这个样子了？变成这个样子了？"

不管是生活中还是工作中，掌握说话的度非常重要，掌握不好，欠了火候，说出来的话，就算是好话，也会变成坏话。那么，我们应该如何把握这个度，如何说才能让对方接受呢？

1. 有理有据

我们劝解或者批评别人时，要有理有据，要找到一种能让对方接受的方式。只有这样，我们才能达到劝服别人的目的。

2. 心平气和

批评人时要心平气和，做到诚恳、认真、冷静、耐心，不能急躁，不能怨恨，更不能存心找麻烦。要使用温和的语言。当你心中愤怒、埋怨、焦虑，想责怪对方时，最好是先克制一下自己，整理一下思绪，等冷静下来后再进行批评。

3. 先表扬再批评

在进行批评时，最好先适当地表扬对方，以保护他们的自尊。

把握好说话的"度"，即使我们是在批评人的时候，也能把批评的话说得好听，而且还可以让对方毫无怨言地接受，只有这样，我们才能走进对方的心。

拒绝他人时，请保持微笑

职场上，有很多事情需要拒绝；生活中，同样离不开拒绝。

生活中，常常要面对朋友们的各种要求。高情商的人在拒绝时，总会尽可能带着笑容，用一些风趣而又不失体面的语言，把拒绝之意开玩笑似的表达出来，这样不仅不会得罪朋友，还能够缓解尴尬。

大作家雨果成名后，经常收到各种邀请，每天请帖像雪片一般飞来，很多朋友都把他列为座上宾。作为一名作家，雨果当然希望把时间用在安心创作上，而不是每天都疲于应酬。不过，他并没有冷淡地拒绝这些要求，他想到了一个好方法。

正向思维：
如何对抗你的不合理常规

这天，雨果拿起剪刀，直接把自己的头发和胡子全部剪得乱七八糟。这时候，又有人前来送请帖，他笑嘻嘻地指着头和脸说："哎，我这样的头发实在不雅，我想，这样去肯定不合适吧？真遗憾！"

看到雨果这个样子，邀请人也笑了，觉得雨果说得没错，不再勉强他。用这个方法，雨果拒绝了很多朋友的邀请。而当雨果的头发和胡子再一次长长之后，又一部震撼世界的作品也完成了。

雨果没有用过于正式的语言，而是微笑着，轻松拒绝了邀请，既给自己的创作留了很多时间，又没有让朋友很难堪，这就是生活中高情商者的拒绝之道。当然，不是必须东施效颦，遇到这样的事情就必须如雨果一般，将自己的头发弄得乱七八糟。我们要学习的是雨果的这种心态：微笑着去拒绝。这样，对方的不满情绪就会大大降低。

无独有偶，另一位大人物林肯，同样也是用这种方法，轻松拒绝了朋友的邀请。

有一年，一家与林肯熟悉的报社举办活动，邀请林肯，在编辑大会上发言。不过，林肯并不是编辑，觉得自己出席不合适。但是，他没有说一些冠冕堂皇的话，例如"国会还有事情要忙"之类的，而是给这家报纸的编辑们讲了这样一个故事：

第六章
沟通之道：如何对抗不会说话的毛病

一次，我在森林里转，突然遇到一个骑马的妇女，于是停下来让路。结果，她也停下来，并一直盯着我看，看得我都有些不好意思了。我刚想问到底怎么了，这时她说："见到你，我才意识到，终于遇到了世界上最丑的人。"我也跟着笑了，说："是啊，可是，我有什么办法呢？"她说："先生，我教你一个方法。你的容貌当然不可能改变，只要待在家里不出来，这样就不会有人天天盯着你了。"

听到这里，编辑们也小声笑了起来。而邀请他的那位朋友，也听懂了他的意思，不再勉强他在会议上发言。

林肯虚构了一个故事，并带着笑容对自己进行了一番讽刺，这就表明了他的意思。林肯在拒绝的过程中面带笑容，还让大家一起开怀一笑，被拒绝所产生的不快，一瞬间就烟消云散了。

想要拒绝别人，不给对方带来尴尬，就不妨面带笑容，用幽默的语言，让每个人的情绪都得以放松。这样一来，拒绝所产生的遗憾就会渐渐消除，并且，对方还能够理解我们。如果态度与之相反，效果就会大为不同。

有一年，北京市准备举办一场选秀比赛，一位企业家得知自己的艺术界朋友是发起人后，急忙找到他说："我赞助10万元，让我做个评委怎么样？"

这位朋友严肃地说："对不起，这个我不能答应你！我们的

正向思维：
如何对抗你的不合理常规

评委，必须是演艺界人士，你肯定当不了评委，这不是钱的事儿！"

听到朋友这么说，企业家有些不高兴："有什么了不起的！不就是一个破比赛吗？不要拿着鸡毛当令箭！"

说罢，企业家拂袖而去，找到了同为发起人的另一位艺术界朋友。听完企业家的要求和条件，这个朋友哈哈笑了起来，拍着他的肩膀说："老哥，您这是钱太多了啊！把10万元扔在这个会上，不如扔到河里，还能看到个水漂儿，比这有意思！"

"你的意思是说，不合适、不值当？"企业家问道。

"是啊，老哥，完全没有意义！"

企业家也笑了，说："哈哈，是啊，那我听你的！"

两种不一样的拒绝方式，造成了不一样的结果。试想，第一个朋友也能带着笑脸，用巧妙的语言拒绝，怎会让企业家感到一丝不快？

从上面几个案例可以看出，微笑拒绝的核心在于，语言同样带笑。也就是说，语言应当充满诙谐与幽默。这样的拒绝，不会给任何人带来尴尬。

重要的是，当对方听到这样的拒绝时，同样也会咧开嘴，面带笑容地接受你的拒绝。当我们无法答应朋友的要求时，不必过于刻板地拒绝，不妨带着笑容，幽默地说明原因。也许，朋友听到后反而会觉得你是一个很会说话的人，不仅欣然接受，和你的关系还会更进一步！

多说"我们"，沟通不能以自我为中心

社交的过程中，总是把"我"字挂在嘴边，会给人自私、狭隘、没有团队协作精神之感。这样一来，没有人愿意跟你交朋友。

若懂得把"我"变成"我们"，与人交往则会顺利很多。这是因为，"我们"显得非常谦虚，说出来的话对方爱听，对方自然就会心情舒畅，这样你们在沟通的时候也就不会有障碍了。

一家大型公司发出招聘信息后，应聘者接踵而至，多达百余人。公司只需聘用两人，经过一番精挑细选后选中三人，进行下一轮的角逐。

该公司高层组成的招聘小组经商讨后，为这三人出了一道题目："假设你们三人一起开车去森林探险，结果车子在返回途中抛锚。这时，车内只有四样东西供你们选择，分别为刀、帐篷、水和绳子，请你们按照这些物品对你们自身的重要性进行排序。"

正向思维：
如何对抗你的不合理常规

其中一位男士首先答道："我选择刀、帐篷、水、绳子。"

招聘负责人问："你为什么把刀放在第一位？"

这位男士说："我不想害人，但防人之心还是要有的。帐篷只能睡两个人，水也只有一瓶，万一有人为了生存而争夺，想谋害我怎么办？有把刀在手，也好防身啊！"

其中一位女士说："水、帐篷、刀、绳子这四样东西是我们大家都需要的物品。""我们大家"这个词引起了招聘负责人的兴趣，他微笑着问："说说你的看法。"

女士解释说："水是生命之源，尽管只够两个人喝，但大家都谦让的话，省着点是可以共渡危机的；帐篷虽然只够两个人睡，但三个人可以轮流睡；刀也是必不可少的防身工具；而当遇到悬崖峭壁时，我们可以用绳子进行攀缘。"

另一位男士的回答与这位女士大致相同。

结果，第一位男士被淘汰出局了。

把"我"字常挂在嘴边会给人带来不利的影响。一个以自我为中心的人，做事喜欢抢风头，抢功劳，并且还会把过错推给别人——这样的人没有人愿意与之为伍。

一个肥胖的女孩来到服装店买T恤衫，试了很多件都不满意——自己喜欢的穿不上，能穿上的又不喜欢。看着镜子中的自己，她甚至不想买衣服了。

第六章
沟通之道：如何对抗不会说话的毛病

这时候，一名跟她身材差不多的导购小姐走过来，问道："这位朋友，是不是很难挑到中意的衣服？"

"是啊！"

"像我们这样身材的人，很难买到合适的衣服，我就经常买不到。"

这句话一下子说出了女孩的苦恼，她点点头说："是的，很多衣服我都挺喜欢的，可就是没有大号，我穿不了。"

接着，导购小姐耐心地向女孩传授了一些胖人挑衣服、穿衣服的技巧，最后说："我们店里的衣服款式很多，而且号码齐全——瞧，这件就很适合咱们，你试试看。"

女孩子对导购小姐亲切的话语充满了好感，而且对她的眼光很信赖，试穿之后立即决定购买。

这名导购小姐正是用"我们"一词将顾客变成了"自己人"，结果对方就对她增加了信任感和好感。

与人交谈，用"我"和"我们"的差别在于听者的感受。人们都比较喜欢听"我们"这个词，比如："这是我们共同的家园。""这是我们共同的学校。""这是我们共同的公司。"

说者用"我们"一词将听者变为"自己人"，可以激发听者的积极性、主动性、自觉性。相反，将"我们"换成"我"，听者心里必然会产生抵触情绪，认为你对他不够尊重，同时也会认为你是一个自私的人,从而不愿与你交往。

  无论与谁沟通,我们都要把对方摆在首要位置,把"我们"一词挂在嘴上,让说出去的话发挥联络感情的作用。

第七章

积极进取：对抗工作中的消极思想

很多人都喜欢把工作、学习和"苦"联系起来，这样就会使人产生一种误解：工作和学习很苦。工作是生活的一部分，约占一生的三分之一，你不热爱这份工作，总是抱怨它，把它当成负担，你一生的三分之一时光都将在苦累中度过。其实，工作也可以变得快乐，前提是要学会与消极思想对抗，学会改变自己的想法！

正向思维：
如何对抗你的不合理常规

把工作当事业，拿出所有热情

爱默生说："一个人，当他全身心地投入到自己的工作之中，并取得成绩时，他将是快乐而轻松的。但是，如果情况相反的话，他的生活则平凡无奇，且有可能不得安宁。"

有位记者曾采访过一个建筑工地上的三个工人。当时，记者看到他们在那里挥汗如雨，辛苦地劳作，便问他们在干什么。

第一个人漫不经心地说："你没看见吗？我们正在砌一堵墙啊。"

第二个人回答："我们正在建一座高楼大厦。"

记者感到很疑惑，两个人的回答为什么不一样呢？接着，他又问了第三个人。

第三个人擦了擦汗水，凝视远方，非常坚定地说："我们正在干一项伟大的事业——建设我们的美丽家园。"

十年以后，第一个人仍在工地干活儿，他成了一名技术员；

第七章
积极进取：对抗工作中的消极思想

第二个人坐在办公室里画图纸，他成了一名工程师；第三个人则成了他们的老板。

第一个人和第二个人没有将工作当成一种爱好，只是单纯地敷衍它，仅仅当差事来看待，最终也不会有什么大的建树。第三个人将工作当成了事业，用满腔热情去建设它，最终成就一番事业。

微软创始人比尔·盖茨说："如果只把工作当作一件差事，或者只将目光停留在工作本身，那即使是从事你最喜欢的工作，依然无法持久地保持对工作的激情。把工作当作一项事业来看待，情况就会完全不同。"生活中，常常听到有人抱怨自己的工作不如意，职场不公平，上级不识才，下级不尽心，同事不配合，太没有前途。于是终日愤愤不平，"当一天和尚撞一天钟"，得过且过。殊不知，"一屋不扫，何以扫天下"，一个人连最简单的事情都干不好，又如何能做出惊天动地的大事呢？

李晓晨曾供职于一家网络公司，他的老板精明强干，且独断专行，总是将手下人当作"听差的"，认为他们根本没有决策力和判断力。于是，所有的员工都对这位刚愎自用的老板敬而远之，并经常聚在一起，抱怨对他的不满。

"你完全无法想象，他的专制简直让人窒息，那天他到我的部门去，我拿出精心准备的方案给他看，本来想得到他的肯定，

正向思维：
如何对抗你的不合理常规

可是他一来就发表不同意见，我几个月的努力一下就白费了，我那时真不知道该如何继续做下去了，真希望他马上消失，或者干脆我走人！"一位员工气愤地抱怨着。

然而，团队中有一位管理者却与众不同，他在工作中非常积极主动，从不感情用事，他对老板的缺点并非视而不见，但他从不横加指责，而是尽力补救。面对领导的诘难，他一方面保护好部下；一方面能发挥领导的优势，做出正确引导。他是如何做到这一切的呢？首先，他会提前想到老板的要求，对老板安排的工作心领神会，并根据具体情况做出自己的分析，提出自己的建议。

一次开会时，所有的管理人员都被命令"去做这个""去做那个"……只有一个人例外，就是那个管理者，他得到的对待是，"你的意见如何？"老板是这样夸赞这个人的："他不仅每次汇报了我需要知道的情况，而且提供了额外的信息——他的分析与数据又是那样的一致！他真的很了不起！你知道这省了我多少麻烦吗？"

这件事在公司内部引起了不小轰动，那些消极怠工者自惭形秽，他们疑惑不解的是，能让一个专横无理的"暴君式"老板心服口服，这哥们儿是怎么做到的呢？

后来，李晓晨向他讨教，他反问李晓晨："你热爱自己的工

第七章
积极进取：对抗工作中的消极思想

作吗？"

"算是……热爱吧。"李晓晨吞吞吐吐地说，似乎从没考虑过这个问题。

"你想不想在自己所热爱的领域有所突破？"

"想！"李晓晨回答。

"那么，既然你热爱它，又想在自己所热爱的领域有所突破，去做好了！"说完，那人就离开了。

没想到，道理竟是这么简单。李晓晨终于领悟：只要自己足够热爱一件事情，并有极强的愿望渴望成功，再加上相信自己，坚持去做，就一定有办法，即使湿柴也能被这种热情点燃。人们所有的抱怨都不过是自找苦吃，就像一群人沿着同一条路向目的地进发，许多人在中途返回了，或者迷失了，只是因为他们被道路两边的荆棘干扰罢了，那些能够一直走向终点的人，是因为有足够的信念。

现实生活中，人们总是抱怨条件不充分，事情不好办，环境不允许等客观不利条件。阻碍事情成功的障碍不是那些看似困难的客观条件，而是我们本身。你足够热爱你的工作，有一种不到黄河心不死的决心，实力足够，力量足够，一些小阻碍是不足为惧的。

热爱可以让一个人的能量完全释放，抱怨则只会让生命的气

正向思维：
如何对抗你的不合理常规

球疲软萎缩。台湾作家王文华说："做一件事成功的秘诀，就跟追求人生其他很多宝贵的东西，如工作、爱情、婚姻、幸福一样，就是：你必须想要！非常、非常想要！想要到想疯了！想要到为了得到它，付出别人想象不到的努力。大多数时候，我们之所以得不到我们想要的东西，并不是因为我们命不好，只是因为我们没有想要到发疯！"

"想要到发疯"就是一种激情，一种对工作、对事物的热爱。大凡有成就者都是充满了激情的斗士，而不是萎靡不振的整天抱怨的懦夫。阿基米德发现浮力的时候，兴奋地从澡盆里跳起来，赤裸着身子跑出去大喊"我发现了！我发现了！"，这是一种激情！郭沫若写诗时，喝得酩酊大醉，赤足在地上打滚，与大地亲吻，这是一种激情！陈毅读书时读到兴奋处，误将馒头蘸墨水吃，这是一种激情！

当你对工作缺乏激情时，千万不要放任自己堕落，要通过一切途径来激发自己的激情！当你发现身边有着激情四射的同事时，请尽量向他们靠近，他们的激情会带动你，他们的成绩会激励你！

抱怨会让人丧失热情，丧失能量，激情则可以释放出巨大的能量，使枯燥乏味的工作变得生动有趣。凭借激情，我们更容易获得上司的提拔和重用，从而赢得成长和发展的机会。

第七章
积极进取：对抗工作中的消极思想

我们需要工作，而非工作需要我们

工作中遇到批评和指责并不要紧，只要这些指责的确指出了我们在工作中存在的问题和失误，这样的批评我们就应该接受。我们应该感谢那些在工作中折磨过我们的人，是他们告诉我们，我们需要工作，而非工作需要我们。试想，假如没有工作，我们的生活又将何去何从呢？事实证明，只有工作才能让生活富有生气，才能体现我们活着的价值。

无德禅师收学僧之前，叮嘱他们抛却一切私心杂念，将原有的一切都丢在山门之外。禅堂里，他要学僧"色身交予常住，性命付给龙天"。学僧们并不领命，依旧我行我素，有的贪图享受，攀缘俗事；有的好吃懒做，讨厌诵经干活。无德禅师见诸位心性不定，便讲了下面这个故事：

有个人生前特别讨厌干活儿，死后他的灵魂飘至一处大门前。进门后，那看门的对他说："你真是来对地方了，这里有的是精美的食物、舒适的卧室和各项娱乐设施。你可以任意吃喝玩乐，没有人打扰你、管制你。"

这个人很高兴地留了下来。吃了就睡，睡够就玩，边玩边

正向思维：
如何对抗你的不合理常规

吃，三个月后，他觉得这种日子过够了，于是问看门人："这种日子我已经厌倦了。玩得太多，我已提不起什么兴趣；吃得太饱，使我不断发胖；睡得太久，头脑变得迟钝。您能给我一份工作吗？"

那看门的答道："对不起！这里什么都有，就是没有工作。"

此人无奈，只好又玩了三个月，最后实在忍不住了，又向看门人抱怨道："这种日子我实在没法忍受了，如果没有工作，我宁愿下地狱！"

看门人带着嘲讽的口吻说道："这里本来就是地狱！你以为天堂会是这样吗？这里让你没有理想，没有激情，没有活力，没有前途，让你失去活下去的信心。这种心灵的煎熬，更甚于上刀山下油锅的皮肉之苦，让你痛不欲生！……"

这个具有讽刺意味的故事告诉我们，生命中最大的折磨不是贫困、不是厄运，而是虚无。一个人，若失去斗志、激情、希望和梦想，生命就是一场虚无。工作从来都是人生的第一要义，正如奥地利著名心理分析专家威廉·赖克说的那样："爱工作和知识是我们的幸福之源，也是支配我们生活的力量。"

劳动是推动人类社会向前发展的根本力量，幸福不会从天而降，梦想不会自动成真，空虚懒惰的身心只会滋生出无数的杂念和抱怨。我们不应该仅将工作视为谋生的手段，要重视它、热爱它，

第七章
积极进取：对抗工作中的消极思想

那样你就会发现，即使一份再卑微的工作，都有它的尊严和价值。

日本有一位名叫清水龟之助的邮差，几十年如一日干着递送信件的工作，就是这份微不足道的工作却让他获得了"终身成就奖"，这是怎么一回事呢？

清水最早是一名橡胶厂工人，后来转行做了邮差。最初，邮差的工作并没有让他尝到多少工作的乐趣和甜头，做了一年后，他便心生厌倦和退意。

一天，自行车的邮袋里只剩下一封信没有送出，他想，送完这封信，就去递交辞呈。可这时突降大雨，最后一封信被雨水打湿了，信封上面的地址变得模糊不清，他花了很长时间，都没有将信送到收信人的手中。清水是一位善始善终者，他发誓，无论如何也要把这封信送到收信人的手中。

他骑车在大街小巷中穿梭，挨家挨户地打听询问，好不容易才在黄昏时分把信送到了收信人的手中。原来这是一封录取通知书，被录取的年轻人已经翘首以盼了好多天了。当他拿到通知书的那一刻，眼泪夺眶而出，激动地和父母亲拥抱在了一起。

看到这动人的一幕，清水的心里别提多高兴了，他深深地体会到了邮差这份工作的意义所在。他心想，这份工作虽然简单，但却能够给收信人带来莫大的安慰和喜悦。这样的工作怎么能辞掉呢？他终于领悟了这份工作的价值和尊严，并深深爱上了这份

正向思维：
如何对抗你的不合理常规

工作，不再觉得乏味和厌倦，他说，只要一想起那种令他感动的神情，即使再恶劣的天气、再危险的状况，也无法阻止他将信件送达的坚强决心，就这样，他从30岁一直干到55岁，创下了25年全勤的纪录，得到了人们的尊重。

歌德说："一个真正拥有大才能的人，会在工作过程中感到最大的快乐。"工作是一个幸福的差事，不是抱怨的对象，我们要学会珍惜工作。认真工作，才能不负青春，不负人生。

现实中，许多人之所以抱怨自己的工作单调乏味、毫无意义，是因为他们没有认识到工作的真正内涵。清水龟之助体会到了邮差这份工作的意义和自己肩负的使命，所以他坚持去做了，从而获得了成功——人们的尊重和社会的认可。由此可见，我们每个人都需要从平凡的工作中寻找它的不凡意义。每个人都应该保持对工作的热爱，充满激情地投入自己的工作中去，创造个人职业的辉煌。

像谈恋爱一样，爱上你的工作

"如果一个人不能够在他的工作中找出点'罗曼蒂克'来，这不能够怪工作本身，而只能归咎于做这项工作的人。"这是安

第七章
积极进取：对抗工作中的消极思想

德鲁·卡耐基给职场中人的一条箴言。

一份工作，做得开心还是做得纠结，并不在于这份工作本身，在于做这份工作的人的态度。比如，这个世界上很多人都从事推销工作，有些人能够在其中体会到乐趣，把说服客户信任自己当成一种信念，并相信自己能够给他们带来好的东西，继而取得了显著的成就；也有一些人每次遭到客户的拒绝，就心灰意懒，抱怨客户、抱怨公司，总在心里暗示自己"我不适合做这份工作""忍受不了被人拒绝"，然后便放弃了。抱着这样的态度，即便他们不再从事推销工作，到了别的岗位上，也一样会抱怨工作中出现的其他问题。这就印证了一点：他们的不快乐、不成功，并不是工作导致的，而是心态的问题。只有做到干一行、爱一行，当你转变心态，热爱上自己的工作，才会尽自己最大的努力，做好每一份工作的每一件事。

若是不热爱自己的工作，工作将是死气沉沉的、被动的，很难说你对工作的智慧、信仰、创造力被最大限度地激发出来了，也很难说你的工作是卓有成效的。

面对我们所从事的职业，面对我们每日所做的工作，我们应该干一行爱一行。所谓干一行爱一行，就是对自己所从事的工作无论感兴趣与否，都要热爱它。也就是说，我们要认真对待工作，恪尽职守，不计得失，兢兢业业，任劳任怨，爱岗敬业。作

正向思维：
如何对抗你的不合理常规

为一名职场人士，不管从事什么工作，都应该积极投入其中，奉献自我，实现自身的价值。

干一行爱一行，为工作倾注自己最大的热情，代表的是一种敬业精神，是职业道德中一个最基本、最普遍、最重要的要求。一个人无论从事什么职业，干一行爱一行都是一种优秀的职业品质，是所有的职业人士都应遵从的基本价值观。

迪士尼还是一个年轻小伙子的时候，就梦想着能够制作出吸引人的动画电影来。于是，他以极大的热情投入工作当中去。为了了解动物的习性，他每周都到动物园去研究动物。值得一提的是，在他后来所制作的动画片中，很多动物的叫声都是他亲自配的音，包括那个可爱的米老鼠。

有一天，他提出了一个构想，欲将儿童时期母亲所念过的童话故事"三只小猪与野狼"改编成彩色电影，助手们都摇头表示不赞成。没有办法，迪士尼只好打消这个念头。可是，迪士尼心中一直无法忘怀，后来他屡次提出这个构想，都一再地被否决。

但是，他坚持不懈，因为有着一种无与伦比的工作热情，大家终于答应姑且一试，但都对它不抱有任何希望。然而，剧场的工作人员谁都没有料到，该片竟受到全美国人民的喜爱。这实在是空前的大成功，它的主题曲立刻风靡全美国——"大野狼呀，

第七章
积极进取：对抗工作中的消极思想

谁怕它，谁怕它。"

通过迪士尼的经历，我们可以得出一个结论：一个人工作时，能以火焰般的热情，充分发挥自己的特长，无论他所做的工作有多么难，他都不会觉得辛苦，并且迟早有一天，他会成为该行业的巨匠。

热爱是快乐工作的源泉。热爱一份工作，不仅在于个人和工作目标的一致性，关键在于对工作的巨大热情，进而产生积极的行动，在工作中享受美丽。热爱工作，不仅是对人生事业做出的肯定性选择，也是对自己生存方式的积极界定，从而把个人成长融入这份事业之中。那些享受快乐工作的人，都是以对工作的无限热爱，在努力拼搏中摘取胜利果实的。

社会上有许许多多的行业，俗话说三百六十行，如果你真的知道自己喜欢什么、不喜欢什么那也很幸运，可是，很多人直到大学毕业找工作的时候也不知道自己喜欢什么，更不知道自己能干什么。有的人干了好多年，才发现自己一直在干不喜欢的工作。

做自己喜欢的事，心情肯定是愉快的；自己不喜欢的事还要强迫自己去做，心情自然不会快乐。要想快乐工作，必须是做自己喜欢的工作。然而，喜欢并不代表你有能力，不代表你能够胜任。喜欢唱歌，却天生没有好嗓子；喜欢打篮球，身高还不到一

正向思维：
如何对抗你的不合理常规

米七……即使有能力也不一定能够做得了、做得上。并不是所有的人都能够这么幸运，并不是所有的人都能干自己喜欢的工作。不能从事自己喜欢的工作，就要调整心态，退而求其次，干一行爱一行。兴趣是可以培养的，从不喜欢到喜欢、从不爱到爱，需要一个过程，重要的是去了解它、接纳它、发现它，时间长了就会慢慢喜欢上它，就像谈恋爱一样。

那么，一个人要如何热爱自己的工作，如何转变心态快乐地工作呢？

1. 懂得享受你的工作

只有懂得从工作中得到享受的人，才能工作得更好；只有懂得享受工作的人，才会快乐。享受工作，工作就是一个"乐园"；厌烦工作，工作就是一座"地狱"。不思进取、厌烦工作，对工作敷衍了事的人，永远与享受工作无缘。只有享受工作，努力工作，把工作当成事业干的人，才能深刻感知工作的魅力、乐趣与崇高。

2. 把工作当成一种乐趣

很多时候，有些职场人觉得累，并不一定是体力上的累，而是心理上的累，一切都是"从心"开始的：把工作当成一种乐趣，应是热爱工作的最高境界；把企业当成个人生存和发展的空间、事业发展的舞台，应是个人工作、生活的动力源泉。

3. 换工作，不如换心情

你可以认真思考一下，是什么原因让你不快乐？这原因把心情推入低谷是否值得？你不妨拿出一张纸，把工作中积极正面的因素列出来，你会发现，其实你比自己想象的更快乐，而且你的工作也让人羡慕！虽然有点阿Q，但能够平衡内心，使你快乐起来。

美国著名黑人民权领袖马丁·路德·金曾说过："任何工作都有其意义，所有于人类有所促进的工作都有其尊严和价值，应该努力不倦地把它做好。"一个人无论从事何种职业，都应该热爱自己的工作，对工作尽心尽责、全力以赴。这不仅是职业道德，也是人生的信条。

工作有趣了，干劲儿自然就足了

找工作的人，最怕简历被画上红叉，很多人不明白：为什么自己明明有能力、有学历、有经验，却还是被招聘的公司淘汰了？排除掉运气因素，最应该检讨的恐怕是他们对工作的心态。负责招聘的人事经理们相信：一个不热爱工作的人，就做不好他的本职工作。

正向思维：
如何对抗你的不合理常规

我们经常听到别人说不喜欢自己的工作：工作枯燥、工作环境不好、工资少、上司不好相处……他们举出各式各样的例子来证明自己的工作有多么糟糕。让我们将视野范围扩大，看看都是谁在厌烦工作，我们不难发现，不喜欢工作的人，往往就是那些做不好工作的人。

一个人不能改变环境的时候，只能去适应环境。工作也是如此，与其认为工作面目可憎，不如去深入接触，发现它有趣可爱的一面。首先摆正自己的心态，明白工作就是工作，工作需要的是负责任地完成，不是不断地埋怨。

一个小男孩跟着师傅学习雕刻，他认为整天雕刻石头是件枯燥无味的事，想要放弃。师傅对他说："想放弃，是因为你不知道雕刻的乐趣。"

"雕刻的乐趣？"小男孩睁大眼睛，看着师傅拿起一块石头，一刀一刀地琢磨。师傅说："雕刻的乐趣，不是一刀一刀刻掉石头，而是找出石头中藏着的东西。"说着，他手中的雕像渐渐成型：头发、脸庞、眉毛、眼睛……最后，一个栩栩如生戴着棒球帽的小男孩头像出现了。

小男孩大吃一惊："这不就是我吗？"

师傅点点头，指着满屋子的石头说："雕刻的乐趣就藏在这些石头中，你认为它们枯燥，它们就只是一些石头，你认为它们

第七章
积极进取：对抗工作中的消极思想

有趣，它们自然会给你无穷的乐趣。"

小男孩听完，默默地拿起了雕刻刀。后来，他成了一个有名的石雕艺术家。

拿着雕刻刀，一天天坐在小房间里削一块石头，确实是件枯燥乏味的事，也难怪小男孩坐不住。雕刻师傅却能全神贯注，直到把手中的石头变成艺术品，在这个过程中，他不会抱怨，不会不耐烦，他满脑子想的，都是给一块石头赋予形状时得到的快乐。把雕塑当成负担，雕塑就只是单纯地用刀子刻石头，只有了解雕塑的乐趣，全身心投入其中之后，雕塑才是一种艺术创作，才会回报雕塑人美丽的享受和心灵上的满足。

长年累月地做一件事，难免会厌倦：售票员日复一日地报着十几个烂熟的站名；程序员月复一月地编着基础程式；教师年复一年地对学生讲授相同的内容……当工作变成一种惯性，一种机械运动时，烦躁的情绪就会滋生，甚至开始质疑工作的价值：为什么要一直做同样的事？为什么不能去做点有趣的事？这样想着，售票员开始懒洋洋地撕票，程序员开始昏沉沉地敲键盘，老师开始照本宣科地读讲义……工作变得越来越没劲。

在那些把工作当乐趣的人眼中，事情又是另一个样子：售票员每天都在琢磨怎样让乘客更舒服，今天给公交车添加一些椅垫，明天给公交车备好一个药箱，后天又开始自学英语，心血来

正向思维：
如何对抗你的不合理常规

潮用中英双语报站；程序员总想开发出一套更加便捷的口令，每一天都在完善、推广自己开发的程序，越来越多的人愿意使用它；老师会在每一课都将最新的学科发现添加到讲义中，开阔学生的视野，讲的课程也越来越受欢迎。

把工作当负担的人，工作也会把他当作负担；愿意对工作付出的人，工作会给他丰厚的回报。

与其每天抱怨，不如学会热爱

现代职场竞争非常激烈，许多人找工作都是以赚钱为出发点，从来不去考虑这份工作是否适合自己，是否是自己所热爱的。长期以来，大家也都喜欢把工作、学习和"苦"联系起来，苦学、苦思、苦干等，这样就会使人们产生一种误解：工作、学习是很苦的。所以，当人们认为工作仅仅是工作时，自然会觉得辛苦。

其实，工作同样是生活的一部分，还是很大的一部分，粗略算来，每个人一生有差不多三分之一的时间都在工作，你不热爱这份工作，总是抱怨它，把它当成一种负担，你一生的三分之一时光都将在苦累中度过。工作也可以变得快乐，前提是，只要你

第七章
积极进取：对抗工作中的消极思想

肯改变自己的想法！

萨姆尔·沃克莱刚做车工的时候，内心烦躁不已，他的工作就是每天将满满的一车螺丝钉旋出来，他似乎觉得自己的一生都要消磨在旋钉子这件琐事上了。于是，他满腹牢骚，总觉得一定有更适合自己的工作，为什么一定要干旋钉子这件破事呢？

他这样想的时候，已经将一大堆的螺丝钉都旋完了，但很快，又有另外一堆螺丝钉被人推了过来，然后，他又得不停地旋，他想，这一切是多么可怕呀！的确，他很讨厌这份工作。但有什么办法呢？难道去找工头说："你给我听好了，以我的能力，干这种简单的体力活简直就是大材小用！因此，请你给我安排另外一份更好的工作吧。"但是，他想象得到，工头听到这些话时一定会露出轻蔑的神情！

辞职不干？再去另外找一份工作？这份工作是他费了九牛二虎之力才找到的啊！是绝对不能轻易辞掉的！难道就没有别的办法来改变这种讨厌的工作状态吗？有，肯定会有。当他这样想时，一个好主意来了。他要把这种单调无味的工作变成一件很有趣味的事。他转过头来对他的同伴说："嘿，伙计！让我们进行一场比赛吧，对，你在你的旋机上磨钉子，把外面那层粗糙的东西磨下来。然后，我再把它们旋成一定的尺寸。我们比一比，看谁做得快。过一会儿如果你磨钉子磨烦了，我们再换着做。"

正向思维：
如何对抗你的不合理常规

　　同伴同意了他的建议，两人开始比赛。这样一来，工作果然变得不像以前那么烦闷了，效率还提高了许多。没想到，不久后，因为业绩出色，工头便给萨姆尔调换了一个较好的岗位。后来，萨姆尔成了鲍耳文火车制造厂的厂长。

　　萨姆尔并不是像受酷刑一样去抱怨和痛恨自己所从事的工作，而是转变一下想法，把工作变成一种游戏，使自己做起来饶有趣味。这是他后来能获得成功的最好的解释。心理学家们发现，在有趣的情绪中工作，较能保持专注，而创意也比较丰富；而且，解决问题的能力和效率大增，也更有弹力和适应力来应对挫折。

　　工作中一味地埋怨和厌烦是毫无意义的，我们要做的是通过一种更好的方法来阻止自己的厌恶和烦躁情绪，让工作变得"好玩"。

　　"钢铁大王"卡内基之所以能够取得巨大成功，主要原因就在于他没有将工作当烦恼，他既知道享受生活中的快乐，还能以工作为乐。他刚刚开始品尝人生滋味时，他就是很快乐的。他拥有一种魔力，那就是总能把无趣的事情转化为有趣的事情。他能把这种魔力带到事业中并感觉到快乐，他并没将成功看作一件难事，而是因快乐而成功，因成功而快乐。从他的身上，我们看到了思想的能量。

第七章
积极进取：对抗工作中的消极思想

美国演说家罗德说："每个人上了讲台，都应重视自己所掌握的影响大众生活的责任，并把握机会创造正面的影响力。"对于我们来说，每个人工作时，都应该把握这份工作所带来的能够影响社会的机会，创造出当事人永难忘怀的情绪经验，不但让自己享受到工作的乐趣，也让别人得到快乐。

抱怨不能解决实际问题，不能帮我们摆脱困境，不会使我们的工作越来越好。与其抱怨工作，不如热爱工作。与其抱怨，不如改变心态，努力工作。这样我们在回首自己的一生时，才不会因虚度年华而悔恨，更不会因碌碌无为而羞愧。

端正态度，前途一片光明

工作态度决定工作结果。一个工作态度积极的员工，无论做什么工作，工作都是神圣的，一定会尽心尽力地用心去做，哪怕工作能力有限，也会释放出自己最大的潜能，全力以赴地去实现自己的最大价值。若面对工作的时候总是持悲观消极的态度，工作就会成为负担，人就会越来越压抑，即使有很强的能力，也很难在工作中做出成绩。

态度是无形的，只能用心去体会，去感受，但是它绝对不是虚无的。和能力相比，它更加重要，也更加强大。有些人因为自己的能力和资格，工作态度非常散漫，心态浮躁。这样的人很难走到最后，只能留下遗憾。

对初入职场的人来说，高手如云，那些既能保持良好的工作心态，又有一定的能力的人，是很难得的人才。这样的员工，不仅能在困难中保持稳定的心态，在成功的时候不骄不躁；任何时候都能有一颗平和的心，在工作中不断提高自己。

一名经理经常对自己的员工说："能力不分大小，态度决定一切，工作能力再强，做事的态度不端正，就很难做好自己的工作。"他经常要求自己的下属工作时必须先端正态度，再去做事。他领导的团队，总能在第一时间完成最难的任务，也能在最艰难的环境中做出成绩。

员工的心态决定姿态，工作态度决定职业生涯的成功与失败。对所有员工来说，能力都可以通过工作的实际锻炼得到提升，只要在工作中态度认真，不断学习，能力都可以得到提高。态度则需要员工自己的身心修养，提高自身素质，来面对遇到的困难和挫折。只有正确对待这些，调整好心态，才能收获事业上的成功。

赵涛是重点院校的高才生，研究生毕业后，应聘到一家公司。公司领导让他到生产部门工作，他非常不满意。

第七章
积极进取：对抗工作中的消极思想

刚入职时，他还可以忍受生产线上的工作，做得比较用心。后来，很多员工知道他是研究生毕业，这让他心态很不平衡。他觉得自己拥有研究生学历却要每天在车间里打杂儿，这是对人才的浪费，也是对自己的侮辱。于是，他整天拿着手机上网、聊天，有些员工向他请教问题时，他显得很不耐烦，甚至态度恶劣，常与人发生争吵。

一年后，一起到车间锻炼的另一个员工，普通大学毕业，学历和能力都不如赵涛，被调到公司与一所大学合作的研究项目组工作，赵涛依旧留在生产部门工作。他很不服气，去找领导理论。

领导看到他心浮气躁，语重心长地说："你是研究生毕业，在学校里成绩优秀，各方面的条件都不错。当初公司招你来，想要重点培养，把你放到基层去锻炼，让你熟悉基层工作，以便日后好做研究工作。公司里面很多有成就的专家都是这样走过来的，可是没想到，你没有珍惜这次锻炼的机会，工作表现很差，甚至违反公司的规章制度，经常和员工发生争吵，这样的工作态度怎么能够提升自己，又如何担得起更重的责任呢？"

赵涛听到领导的话后，并没有醒悟，还争辩："你没有事先说清楚，我怎么知道这是锻炼？公司这样做是付出高额的代价和成本来考验一个人才，这种做法会白白浪费我的时间和精力，我

正向思维：
如何对抗你的不合理常规

来公司就是为了做研究，如果公司从刚开始就让我进入研究岗位，我肯定会为公司做出很大的贡献。"

领导听了他的辩解，失望地说："你怎么会这样想呢？一个人即使有能力，工作态度不端正，工作迟早也会出问题，你有这种想法，我们也不想挽留你。公司已经给过你机会，你却不知悔改，看来你并不适合我们这里的工作，你还是另谋高就吧。"

赵涛这时候才知道事情的严重性，心里非常后悔，急忙向领导表示自己没有要离开公司的意思，希望领导再给自己一次机会。领导非常坚定地拒绝了，赵涛只能离开公司。

赵涛是个有能力有学历的人，若他能够端正工作态度，认真工作一定前途无量。他自视才高，虽有能力，却对工作充满了抵触情绪和怀疑态度，没有将工作制度和纪律放在眼里，在工作中放任自己，和员工发生争吵，和领导交流中也不思悔改，这种做事态度是极不负责任的。最终，他只能失去工作机会，在职场中失败。

好的工作态度是做好工作的前提，一定的工作能力是做好工作的保证，工作态度体现的是一个员工的道德和修养，表现出来的是员工的素质。一个人无论有多强的能力、多高的学问，不能够端正工作态度，就很难提升自己的能力。工作态度是提高工作能力的前提和保证。

第七章
积极进取：对抗工作中的消极思想

一个人对待周围的人和事的态度，就会表现出他这个人的本质。他值不值得别人信任和尊重，能不能够被别人认可和接受，这些都取决于他的态度。有能力固然可以获得别人的信任，倘若自命不凡，就会失去别人对你的尊重。

工作是属于那些具有良好的工作态度，又有一定工作能力的员工。你必须转变自己的思想和认识，必须培养自己的敬业精神，尊重自己的工作，恪尽职守，以良好的工作态度对待工作，努力去提高自己的水平，才能成为一个综合素质较高的优秀员工。

把工作当作自己的，做事就会毫无怨言

无论做什么，记得是为自己而做，那就毫无怨言，这样励志的语言相信我们已经听过很多了。在我们拥有了这样的心态之后，自身的气场也会变得强大起来。比如我们在工作的时候，只是抱着应付差事的想法去做的话，就会给人一种懒散、不积极的感觉；我们看到很多成功人士，他们在做某件事情的时候总是很积极，而且没有任何怨言。同是做一份工作，为什么会有这样的差别呢？

正向思维：
如何对抗你的不合理常规

主要原因就是，成功者在工作的时候总是想着这是为自己而做，这是自己的事情；而抱怨的人关心的只是自己的待遇，这是两种截然不同的立场。

李晓萍是一个平凡的姑娘，她出生在农村，刚出生时，母亲由于难产离开了人世，之后她与父亲及有智力障碍的哥哥相依为命。在她15岁的时候，一场车祸失去了父亲，从此家里就只有她和哥哥两个人了。

为了照顾哥哥的生活，她一个人做两份工作，每天早出晚归，省吃俭用，但始终面带笑容面，没有丝毫怨言。

有一个老板知道她的身世后，被深深地打动了，他问李晓萍："你每天的工作都这么累，生活的压力还这么大，难道你就没有一点怨言吗？"

李晓萍微笑着对老板说："我的所作所为只是为了我自己，哥哥是我生命的一部分，我觉得我做的这一切都是应该的，谈不上什么怨言不怨言。"

是的，把每一件事都看作自己的事情，在做的时候还会有什么怨言呢？

在这个案例中，李晓萍面对巨大的生活压力，她没有妥协，也没有放弃，她毫无怨言地坚持下来，把照顾哥哥看成自己的事情。

第七章
积极进取：对抗工作中的消极思想

人生总是要经历波折后才能登上高峰。有时候，可能经历了很多的低谷也不一定会到达山顶，这时人们难免会产生一些怨言。要知道，没有人能够预料到会发生些什么。对于那些内心强大的人来说，他们所看到的并非只是一件事情成功与否，他们认为，无论做什么，只要是为自己而做，就毫无怨言。他们总是拥有一个平和的心态，正是这个平和的心态让他们的内心变得强大。

一个人生活在世界上，要有自己的目标，并非所有人都能够顺利实现目标。梦想总归是梦想，不管失败还是成功，你是否注意到，那些没有怨言的人总是有一种不可战胜的气场？因为他们明白，无论做什么，都是在为自己而做，怨言也就随之消失。

试想一下，一个微笑的人和一个满脸怨气的人站在你面前，你更愿意和谁接触呢？毫无疑问，每一个人都愿意和具有甜美微笑的人打交道，这就是气场的魅力。

无论做什么，当作是为自己而做，那就毫无怨言。这句话看似轻巧，但又有多少人能真正明白其中的道理呢？当我们面对困难的时候，我们是否总是带着抱怨和怒气去做呢？我们是否真正能够静下来想一想，我们做这样的事情，究竟是为了谁？一个冠冕堂皇的借口总是让人丧气，而一个真实的目的却总是让我们充满力量。

第八章

强化意志：摆脱生活中的坏习惯

每个人或多或少在生活上都有不好的习惯，例如作息不规律、不注意卫生、没有时间观念……也许这些习惯是从小养成，也许这些习惯是在生活或工作中慢慢形成，无论如何，这些不好的习惯会对个人造成很大影响。当你意识到这些，想着改变时，有时又发现改变是多么的艰难，与它们对抗需要恒心和毅力。若想让生活变得更美好、更积极，就要让这些不好的习惯远离自己。

正向思维：
如何对抗你的不合理常规

微小的不良习惯，往往是成功的绊脚石

人，是习惯性的动物，不管我们愿不愿意，习惯总是无孔不入，渗透于我们生活的方方面面。调查表明，一个人每天的行动和作息，95%受到习惯的影响，只有5%是非习惯性的。

习惯与性格有什么关系呢？心理学是这样定义性格的：性格是在生活过程中形成的对现实的稳定态度以及与之相适应的习惯化的行为方式。从这个解释来看，人的性格与人的行为习惯是紧密相关的，所以才有"习惯决定性格"的说法。

每个人刚生下来时，个性和天赋是差不多的，差别就在于后天环境对自身的影响。不同的生活环境使人形成不同的习惯，也造就了不同个性的人。孔子说："性相近也，习相远也。"

英国著名作家查艾霍尔曾说过这样的话："有什么样的思想，就有什么样的行为；有什么样的行为，就有什么样的习惯；有什么样的习惯，就有什么样的性格；有什么样的性格，就有什

第八章
强化意志：摆脱生活中的坏习惯

么样的命运。"一个人的习惯，不仅影响一个人的性格，从长远来讲，也会影响一个人的成功。

很多时候，成功与失败仅一线之隔，而横亘在中间的很可能只是一个细小的却往往被人忽视的个人习惯。

日本有一家食品检测企业准备招聘一名卫生检测员。有一位小伙子看上去很有气质，谈吐不凡、举止大方，面试官很喜欢。而且这个小伙子业务知识也是相当扎实。面试结束后，小伙子在临出门时无意识地抠了一下鼻孔。于是，面试官将他从备选名单中划掉了。年轻人没想到正是一个看似不起眼儿的小动作，使他与唾手可得的工作擦肩而过。在这位面试官看来，一个没有良好卫生习惯的人如何能做好卫生检测员呢？

不要忽略任何一个微小的不良习惯，说不定哪天，它会在关键时刻成为你成功的绊脚石。纵观古今中外，许多伟大的人物之所以能够取得成功，都是因为他们有良好的习惯。这些良好的习惯或许只是饭前洗手、做错事道歉这样的小事，却足以让他们终身受益。

在1988年世界诺贝尔奖得主于巴黎举办的聚会上，一位记者问一位诺贝尔奖得主："您在哪所大学、哪个实验室学到了您认为最主要的东西呢？"这位白发苍苍的学者回答道："幼儿园。"

正向思维：
如何对抗你的不合理常规

"在幼儿园能学到什么东西呢？"记者不解地问。

"把自己的食物分享给小伙伴，学会观察大自然，学会饭前便后洗手……"

著名的教育家叶圣陶也十分重视培养良好的个人习惯，他认为："好习惯养成了，一辈子受用；坏习惯养成了，一辈子吃它的亏，想改也不容易。"我们该如何培养好的习惯和性格呢？习惯和性格的养成归根结底还是自控力的问题。

1. 提高自我控制的能力

知道哪些行为是好的，哪些是不好的，哪些可以做，哪些则坚决要制止。明白了这些以后，逐步摒弃掉不好的行为，提高良好的行为。即便在心中，对不好的行为无法抵抗时，也要在内心加强自我控制的能力，告诉自己再坚持一下。唯有这样，坏的行为才会逐步消失，良好的行为才会逐渐成为习惯，成为自身的一部分。

2. 建立一个好习惯

我们在改掉坏习惯的同时，也是在建立一个好习惯，而在建立好习惯之初比较痛苦。比如，你知道吸烟有害健康，想把烟戒掉，做起来就会比较难，烟瘾会时不时地提醒你把手伸进口袋里，找打火机。如何才能战胜烟瘾呢——自控力。如果你控制住自己不去想吸烟的事，不让所有与烟有关的东西出现在你的视线里，或者干脆扔掉，想办法将注意力转移到别的地方；实在不行，你也可以找一些替代品，如口香糖等，坚持一段时间后，你会发现改掉吸烟的坏毛病并不像想象中的那么难。

要培养好的习惯和性格，就要增强自我控制的能力，一个能够控制住自己的人，才能真正地掌握自己的命运。

四种坏习惯，让人生变得低效

阻碍一个人天赋释放的往往是很多坏习惯：早晨赖床的习惯会让人上班迟到；爱找借口的习惯会让工作拖到最后；不珍惜时间的习惯会让人工作效率低下……总之，坏习惯会让一个人效率低下。

工作中，有四种坏习惯最可怕，它们会让一个人对时间管理无序，而且加强身上的拖延症。如果你能够加以克服，不仅会使你的工作变得生动有趣，而且还可以提高你的工作效率。四种坏习惯如下所述：

第一种工作上的坏习惯：办公桌上杂乱无章，严重影响解决问题的效率。

你的办公桌上是什么样的呢？是不是杂乱无章堆满了各种信

正向思维：
如何对抗你的不合理常规

件、报告和备忘录？你看到自己乱糟糟的桌子时，你是不是会紧张地在想：我还有什么工作没有完成，怎么看起来我有这么多没有完成的工作！你是不是会因此而感到焦虑，觉得工作如此繁重，从而对工作产生了厌倦？著名的心理治疗家威廉·桑德尔博士就遇到过这样的病人。

这位病人是芝加哥一家公司的高级主管。他刚到桑德尔博士的诊所时，看上去满脸的焦虑。他告诉桑德尔博士自己的工作压力实在是太大了，每天总有做不完的事情，但是又不能辞职。桑德尔博士听完他的一席话之后，指着自己的办公桌说："看看我的桌子，你发现了什么？"这位主管顺着桑德尔博士手指方向看去，回答道："比起我的办公桌，你的实在是太干净了。"桑德尔博士听了他的话微微笑道："是啊，这样干净是因为我总是在第一时间将工作处理完，这样一来我的桌子上就不会有太多的工作啦，你可以试一试我的方法。"

那位主管一脸疑惑地看着桑德尔博士，走了3个月之后，桑德尔接到了那位主管的电话。电话里那位主管非常高兴，他对桑德尔博士说他的方法简直太神奇了，现在他看到自己的桌子再也没有像以前那么大的压力了。"现在我的桌子也和你的一样干净了。"就这样桑德尔博士治愈了这个高级主管的焦虑症。

芝加哥西北铁路公司的董事长罗南·威廉说："我把处理桌

第八章
强化意志：摆脱生活中的坏习惯

子上堆积如山的文件称为料理家务。如果你能把办公桌收拾得井井有条，你将会发现工作其实很简单。而这也是提高工作效率的第一步。"现在，就看一下自己的办公桌，如果文件堆积如山，那就开始清理它吧。

第二种工作上的坏习惯：工作中分不清事情的轻重缓急。

著名企业家亨瑞·杜哈提说，如果一个人同时具备了他心中的两种才能的话，不论开出多少薪水，他都愿意。这两种才能是：第一，善于思考；第二，能够分清事情的轻重缓急，并据此做好工作计划和安排。

查尔斯·鲁克曼在 12 年之内，从一个默默无闻的人，一跃成为公司的董事长。他说这都归功于他具有的两种能力。第一，善于思考；第二，能按事情的重要程度安排做事的先后顺序。查尔斯·鲁克曼说："我每天都会在晨 5 点钟起床，因为此刻正是思维活跃、清晰的时候。在这个时候，我可以就我近期的工作进行一些规划，排出事情的重要程度，以便安排自己的工作。"

第三种工作上的坏习惯：不能果断处理问题，导致问题总是处于悬而未决的状态。

霍华德说，在他担任美国钢铁公司董事期间，董事们总要开很长时间的会议。因为，会议期间要讨论很多议题，但是大部分议题却无法达成共识。结果是，工作效率无法提高，而董事们的

正向思维：
如何对抗你的不合理常规

工作却十分繁重，每位董事都要抱一大堆报表回家继续工作。

针对这种毫无效率的工作方式，霍华德向董事会提出了自己的建议：每次开会只讨论一个问题，而且必须做出最后的定论。霍华德说，虽然这个做法也有弊端，但是总比悬而未决，一直拖延要好。最终，董事会采纳了他的建议。霍华德说，很快，这种方式就体现出了自己的优势。他们很快就把那些积累了很长时间的问题解决了，董事们干起活来也觉得轻松了许多，不必再把家庭作为自己的第二工作场所了。

不得不说，这确实是一个提高工作效率的好方法，值得你我借鉴。

第四种工作上的坏习惯：喜欢大包大揽，不相信自己的部下或者同事。

很多人都有这种工作习惯，所有事都亲力亲为。结果，他们总是被那些琐碎的事情纠缠得筋疲力尽。这种现象在很多领域都普遍存在。人们总是不放心其他人，担心那些人会把事情搞砸。于是，他们不得不不厌其烦地处理那些细微的事情。喜欢大包大揽的人，始终处于一种紧张的、焦虑的状态之中。

要试着相信他人，将自己手中的工作分一部分交给他人来完成，我们要摆脱终日紧张的工作状态，就必须要学会分权，学会量才而用。将那些无关大局的琐碎工作交给他人，你不仅会提高

第八章
强化意志：摆脱生活中的坏习惯

自己的工作效率，还能真正体会到工作的乐趣。试一试吧！

上面列出了在工作中容易养成的四个坏习惯。请检查一下自己在工作中是否有上述的错误。如果有，请马上改正，这样，你就会懂得如何管理实践、如何提高效率、如何加强自己的执行力。

习惯是把双刃剑，关键在于运用的人

任何事情都有双面性，习惯也不例外。它既有好的一面，也有不好的一面。好习惯使人摆脱平凡，走向卓越；坏习惯则会让人安于现状，一生碌碌无为。

把小鹰放在鸡窝里抚养，它就再也不会飞翔。虽然它具备"飞翔"的能力，经过一番努力可以飞翔，但也会因为习惯性地听从他人，又缺乏主见和决断，所以人云亦云，活在别人的观念里，白白浪费了天赋和才能，结果只能是碌碌无为、毫无建树地过完一生。

相反，有一些人却因为具备了良好的习惯而一步一步地走向了成功。他们珍惜时间，在别人喝茶聊天的时候抓紧时间学习和工作；他们敢于面对一次次的失败，认为失败是成功之母；他们

正向思维：
如何对抗你的不合理常规

没有被无数的挫折而打倒，反而更加努力向上……

一位成功的企业家，不到 40 岁就有亿万身家。创业之初，他没有任何背景，完全是白手起家。有人好奇地问他是如何做到的，他微笑着说："只是因为我很早就'习惯被拒绝'。"

由于小时候家里穷，他高二便辍学前往深圳打工，费尽周折才在一家饭店找到了一份服务员的工作。小小年纪的他不怕吃苦，对饭店的活总是抢着干。一天，一个好心的厨师悄悄地对他说："兄弟，我看你能吃苦，做人也挺机灵，嘴巴也不笨，我感觉你挺适合做销售的。"

于是，他辞职做了销售。那年他刚满 18 岁，年纪轻，又没有销售经验，去公司应聘总是被人拒绝。他没有气馁，心想深圳那么多的工厂和公司，总会有一家公司接纳自己。

经历了无数次的拒绝后，一家卖电池的公司接纳了他，不过底薪很低。他自己买了辆旧自行车，带着两大箱电池就开始大街小巷上门推销电池。结果，他还是一次次被拒绝。

有一次，一个杂货铺老板和别人下棋，下赢了，年轻人适时上前夸奖老板水平高。老板扭过头看他，说："你这小伙子真有意思，我都拒绝你三次了，你还不死心，真有股儿倔劲啊！这样吧，我买你一百板电池（一板四节），如果质量好，以后我还进你的。"年轻人终于做成了第一笔生意，拿到了 40 块钱的销售

第八章
强化意志：摆脱生活中的坏习惯

提成。

靠着这个不怕拒绝的习惯，他很快成了全公司的销售冠军，每个月都有上万元的收入。不过，虽然销售业绩不错，但是电池行业销售数额毕竟有限。于是，有了销售经验的他跳槽到了一家做安全防护产品的大公司。这个行业的客户都是消防、石化、井架、油田等大客户，随便一单的标的都是几百万甚至上千万元，最小的单也有几十万元。

不过，隔行如隔山，虽然在电池行业干得如鱼得水，可是进入新的行业，还要从头做起。

他每天的工作就是打电话，从百度搜索到相关的公司，然后打电话进行推销。这样的推销电话，他每天要打几百个，可成功率甚至达不到万分之一。但正是因为他不放过这万分之一的成功概率，他做成了两单，共一千余万元的销售额让他顺利转正，成为这个外资企业最年轻的销售员。

后来，有了销售网络和一定的资金后，他自己开了一家公司，代理一家安全防护公司的产品，事业快速发展起来。

古今中外，大凡有所作为的人，身上或多或少都有可圈可点的习惯在影响着他人生的轨迹。这位年轻的企业家能够成功，也源于他良好的习惯——不怕拒绝。当一个人把被拒绝当作习惯时，还有什么能阻止他前进的脚步呢？

正向思维：
如何对抗你的不合理常规

莎士比亚曾说过："不良的习惯会阻碍你走向成名、获利和享乐的路。"佩利也曾经说过："美德大多存在于良好的习惯中。"可见习惯是一把双刃剑，关键在于我们怎么运用它。现在我们要做的，就是审视自己的思维和言行，纠正那些不良的习惯，培养一些让人受益终生的好习惯。

培养良好的习惯，生活将逐渐晴朗

每逢夏日，街边"撸串"成为现代人喜欢的休闲方式。几个朋友聚在一起，一边品尝着烤肉啤酒，一边天南海北地神侃，直到凌晨才各自散去。人与人之间相聚小酌固然没错，但不加节制地消费健康却容易带来一系列问题：由于暴饮暴食，或是吃了太多不新鲜的食物，就可能出现肠胃不适的症状。而睡眠的严重不足，不仅会影响工作和生活，也会使人变得悲观抑郁、焦躁易怒。

"生物钟"是生物生命活动的内在规律，调节机体各项功能使其正常运转。好的生活习惯，有规律的作息时间，能够提高人的工作效率和学习成绩，减轻疲劳，预防各种疾病的发生。反之，如果生活不规律，人的身体就会感到疲惫不适，精神就会萎

第八章
强化意志：摆脱生活中的坏习惯

靡不振，在严重损害健康的同时，自然也不会有好的心情。因此，改善我们的心理状态，首先就要有好的生活习惯，具体表现在以下几个方面：

1. 保证充足的睡眠

"夜猫子"已经成为现代人的时尚标签。但睡眠不足，对身心健康会造成严重的危害。一般来说晚上 11 点前就应该入睡，最好不要超过 12 点，同时成年人应该保证每天 7~8 小时的睡眠时间。

2. 饮食要有节制，注意营养搭配

一日三餐是我们每天体力和精力的重要来源。很多白领有不吃早餐的习惯，长此以往不仅会影响肠胃功能，精神状态也会受到影响。要健康饮食，吃得科学，吃得合理，才能增强体质，有效抵制疾病的侵犯。

3. 每天要留一些放松休闲的时间

不管工作有多忙，生活有多累，都要留出一点时间来放松自己的身心。规律的生活就应该有张有弛，工作之余，安静地喝杯茶，看本书，或是看一部有趣的电影，去 KTV 唱唱歌，都能起到很好的调节作用，提高我们的生活质量。

美国马里兰大学的专家通过试验发现，唱歌作为一种休闲方式，不仅能释放压力，缓解心情，还能够起到预防疾病的作用。

当人放声歌唱的时候，可以促进面部肌肉运动，改善颈部、面部血液循环，还能增加人体的肺活量，预防心肺功能衰退。

科学家将二十名老歌手与不经常唱歌的同龄人进行比较，发现歌手的胸壁肌发达，心肺功能好，而且心率缓慢。有一项调查显示，每天保持唱歌习惯的人比普通人的寿命平均长十年。

4. 要注意个人卫生和外在形象

很多人由于工作忙，平时便不注意个人卫生，也不修边幅，甚至距离很远就让人闻到一股汗臭味。这不仅会影响个人健康，也会严重影响人际关系和积极自信的心理状态。我们要保证每天刷牙洗脸，饭前便后要洗手，定期洗澡、洗头和剪指甲，出门时也要注意服饰和外在形象保持干净整洁，这样才能让自己有个好心情。

5. 进行适度的体育运动

没有每日坚持锻炼的生活习惯，就会让人变得慵懒，对生活也会产生懈怠和消极的情绪。不管平时多忙，都要抽出一点时间来进行体育运动，以此来调节身心，释放压力，补充能量。

想要有健康的身体和良好的精神状态，就得有好的生活习惯。我们要学会有规律、有节制地生活，让好的心情每一天都伴随着我们。

日本著名音乐人久石让说："作曲家如同马拉松选手一样，

第八章
强化意志：摆脱生活中的坏习惯

若要跑完长距离的赛程，就不能乱了步调。"我们每个人的生活，都应该保持有规律的步调。人体的各个系统每天都周而复始有规律地工作着，我们的生活应该适应这一情况，做到按部就班，这样才能促进身体健康，才能让我们始终拥有积极的心态。

每天自省，看到自己的不足

"一日三省吾身"是君子每日修身养德必做的功课。它告诫人们要时常自省，时时反省。但是，在这个物欲膨胀时代，能做到的人很少。我们对别人和外部的世界总是太过关注，却往往忽略对自我的认知。发现自我以外的缺憾并不困难，难的是找到自己身上的毛病。唯有自省，才能使人深刻认识到自己的错误和不足，才能使人迷途知返，不再重蹈覆辙，找到人生的正确方向。

对别人再微小的瑕疵，也总能明察秋毫；对自己显而易见的不足和缺点，却总是视而不见。不懂得自省的人，永远是浑浑噩噩稀里糊涂地生活，整天只知抱怨别人的种种不好，却不肯虚心反省自我；不懂得反省的人，总是在同一个问题上反复犯错，总是在同一个坑里来回摔跟斗。

有一位牧师，主持过很多新人的婚礼。他外表看上去和蔼可

正向思维：
如何对抗你的不合理常规

亲，对自己的儿子却非常严厉，经常因为一点小事就把儿子教训一通。父子俩经常吵得面红耳赤。

在一次激烈的争吵之后，儿子选择了离家出走。焦急的牧师找到了当地一位教育学者，诉说自己的苦衷。学者还没开口，牧师就愤怒地细数儿子的种种不是：总和父母顶撞、晚上很晚回家、背地里偷偷饮酒、棒球比赛时打伤了同学等。话没说完，牧师就流下了眼泪——他担心儿子的安危，不知道儿子为什么那么叫人操心。

学者听了他的抱怨，语重心长地说："你每天都在指责儿子的不是，让他觉得自己就是一个无法变好的孩子，自己永远不会得到父亲的欣赏和喜爱。儿子变成今天的样子，您有没有想过自己该负怎样的责任？您每天都在为别人送去祈福，为什么不能对自己的儿子多一些宽容和赞美呢？"

学者的话让牧师恍然大悟。作为一名父亲，他的确非常失职。他一直在埋怨孩子，竟然没想到在自己身上找原因。

自省可以引发我们对过往经历，特别是失败经历的反思。在反思的过程中，我们可以总结失败的教训，让自己的心灵得到救赎。自省就像是电脑里的杀毒软件，可以把我们内心中所有病毒都扫描出来，并启发我们找到杀毒的最佳方式。随着我们内心变得越发干净和清澈，生活也会随之变得舒心起来。牧师能够多一些

202

第八章
强化意志：摆脱生活中的坏习惯

自省，或许儿子就不会离家出走，他也就不会那样悔恨和懊恼。

一个人一旦具备了自省的能力，便可以控制自己的欲望和冲动，驾驭自己的思想和情绪。自省会让人体会到一种来自内心深处无穷力量，会让人在应对各种挫折和挑战时表现出一种巨大的力量。不仅如此，我们还可以通过自省这面镜子，客观真实地认识自我，获得真正的智慧。

美国著名投资公司 GMO 在刚刚起步时，公司投资人杰里米为公司招聘了几位新人，其中一位叫杰瑞塔。杰瑞塔看上去非常普通，所有人都对他不抱希望。三个月过去之后，杰瑞塔的销售业绩却名列前茅，这让杰里米非常意外。

原来，杰瑞塔自上大学就有"照镜子"的习惯，并把这个习惯一直坚持下来了。他每天都会给自己制订各种计划，晚上回家时便对着镜子自言自语，回顾这一天计划完成的情况，哪些做得好、哪些做得不好。日积月累，杰瑞塔对自己的长处和短处都了然于胸，并能在实际工作中扬长避短。所以，他才会取得如此骄人的销售业绩。

兴奋的杰里米决定让杰瑞塔给全公司的销售人员做一次演讲，题目就是《照镜子的哲学》。后来，杰瑞塔成为公司销售总监，在全球各地都有他们的业务伙伴。

"照镜子"就是一种自省。人贵有自知之明，这个世界上最难解的谜题其实就是我们自己。通过自省，通过对自己的剖析，能够帮助我们抖掉身上的灰尘，帮助我们找到解开谜题的钥匙，帮助我们在黑暗中找到光明。学会自省，我们就拥有超越自我的力量，就会成为生活的智者。

苏联大文豪高尔基说："反省是一面莹澈的镜子，它可以照见心灵上的污点。"人需要自省，每个人都有不足和缺点，自省能够让我们不断进步日臻完善，也能够让我们在人生的长河中始终行驶在正确的航道上而不致迷失方向。

不学习，终将被时代淘汰

中国有句古话叫作"活到老学到老"，我们应该养成每天学习的好习惯，学习是没有止境的，一个人若对学习失去了兴趣，他的人生也不会有很大的起色。我们生活在一个知识爆炸的时代、一个知识不断更新的时代，假如自己不学习的话，就会很快被社会所淘汰，成为时代的弃儿。

瞿虹是湖北首届十佳职场魅力女性，她是湖北对外服务有限公司总经理，她本人就是终生学习的践行者和代表。她在华中科技大学读完经济学的研究生后，又到武汉大学在职高级工商管理

第八章
强化意志：摆脱生活中的坏习惯

硕士研修班进行深造。据了解，武汉销品茂总经理刘焕来、副总经理周利群等，虽然早已从清华大学在职高级工商管理硕士研修班毕业，但是仍旧几乎逢课必听。清华大学清远教育中心的统计数据显示，仅半年时间，30 名已毕业的总裁级别的学员纷纷续办学员卡。凭借此卡，中心每月一次的高级工商管理论坛活动对他们自由开放。

我们正处在一个高速发展的时代，我们要紧跟时代，不断学习，更新自己，唯有不断给自己充电，才能紧跟时代。

美国著名的管理学家德鲁克就是一个很好的例子。

从 1937 年移居美国后，他就开始一边教书一边写作，一年之后，出版了第一本著作《经济人的末日》。在随后的多年里，德鲁克几乎每隔三四年就会出版一本著作，他的著作始终是关于经济和企业管理一类的理论。他的管理学理论并非是凭空想象出来的，也不是他经验的总结，因为他的一生，始终都在教书、写作和学习。

德鲁克的理论究竟是从哪里来的呢？答案显而易见——很大一部分都是通过他平时的读书积累而来。德鲁克用别人无法相信的时间和毅力读完了很多前人留下来的各种关于经济和企业管理方面的成果，同时也对美国的资本主义形态和美国经济的运行体制进行了透彻的研究和分析。1942 年，他又受聘于全球最大的

正向思维：
如何对抗你的不合理常规

企业——美国通用电气公司，成为一名顾问。自此，他开始了其对世界大型企业内部管理上的研究和分析。可以说，他在不怕困难、努力学习的意念下，掌握了通用公司因企业内部管理而令企业走上一条漫长的辉煌之路的过程和原因，于是在4年后的1946年，他根据自己在通用公司的调研中的心得写成了《公司概念》一本书。这本书的出版，为他打开了一扇通往企业管理的窗，同时他首次提出了"管理学"这一概念。

德鲁克认为，管理是一门学科，不应该把它与其他任何一门学科混淆在一起。从此，管理学正式成为一门学科。德鲁克的这一富有战略性的做法，可以说开创了一个全新的管理学新篇章，无疑，这一切都是德鲁克努力学习与利用前人的经验，然后勇于探索的结果。

为了充实和完善自己的管理学理论体系，在随后的诸多年里，德鲁克又对美国电报电话公司、惠普、微软等世界500强企业进行了更为深入的研究，并于1954年出版了他的另一本重要的著作——《管理实践》。在书中，他首次提出了"目标管理"，从而为很多企业管理者提供了一个可以用来控制企业目标与成就的理论。

不仅仅是德鲁克，包括微软的创始人比尔·盖茨、谷歌的创始人谢乐盖·布林和拉里·佩奇等人，他们都是在学习和钻研中

第八章
强化意志：摆脱生活中的坏习惯

慢慢成长起来，并创造出了属于自己的惊人成绩和财富。由此可见，努力学习并在学习中继承那些优秀的文明成果，才能不断前进和发展，成就伟大的事业。

不过，对于大多数人而言，时间也就是金钱。充电学习没有从自己的实际出发，不但充电不成，还浪费了自己宝贵的时间。不同阶层的人应该选择不同的充电内容。

1. 对高层来说，宜以战略修养为重点

企业达到一定规模时，对企业管理人提出了更高的要求，北大光华管理学院院长助理何志毅教授认为："企业管理人员本身对企业的经营管理负责，不但有很好的实践经验，还需要掌握系统的管理知识，需要具备国际视野和战略眼光。"此时的企业需要管理者应着眼于战略规划、竞争优势、提高商业洞察力，这类管理者就应该选择战略修养作为自己的充电内容。

2. 对中层管理者来说，重在操作性

一般来说，中层管理者都是从业务骨干中提拔出来的，这些人身兼决策及实施职能，在系统的管理知识和科学的分析方法方面有所欠缺。这类管理者就应该选择在管理方面具有操作性的内容作为自己充电的内容，以求系统而全面地掌握现代管理学的基本概念、管理的基本原则和实用管理方法、技巧及应用工具，以求使企业管理团队对现代企业管理规则有正确和统一的认识，真

正领会管理的精髓。

3. 对普通员工来说，不断深入学习

对于普通员工来说，在自己专业知识领域一步步加深，通过不断纵深地学习，让自己在这方面成为无可替代的人才，这样，你就是公司最不可或缺的。

不断学习，无论是对高层、中层，还是普通员工，都是至关重要的。若是不在自己的领域中不断地学习，你面临的就是被社会淘汰的命运。唯有学习，才是在社会中安身立命之本。